污水处理站运维管理技术手册

第二册:RBC + CCBF 工艺

北京市高速公路交通工程有限公司　编

人民交通出版社股份有限公司

北　京

内 容 提 要

本书共分三册,包括污水处理站 A^2O(厌氧-缺氧-好氧) + MBR(膜生物反应器)工艺运维管理技术手册、污水处理站 RBC(生物转盘) + CCBF(化学催生微曝气生物滤池)工艺运维管理技术手册、污水处理站 BCFD(生物化学法耦合脱氮除磷)工艺运维管理技术手册。本书适合高速公路、乡镇、农村等分散式生活污水处理站运维人员和管理人员学习使用。

图书在版编目(CIP)数据

污水处理站运维管理技术手册. 2, RBC + CCBF 工艺/北京市高速公路交通工程有限公司编. —北京:人民交通出版社股份有限公司,2020. 6

ISBN 978-7-114-16461-3

Ⅰ. ①污… Ⅱ. ①北… Ⅲ. ①污水处理—技术手册 Ⅳ. ①X703-62

中国版本图书馆 CIP 数据核字(2020)第 075152 号

Wushui Chulizhan Yunwei Guanli Jishu Shouce Di-Er Ce:RBC + CCBF Gongyi

书 名:污水处理站运维管理技术手册 第二册:RBC + CCBF 工艺
著 作 者:北京市高速公路交通工程有限公司
责任编辑:刘 博 杨丽改
责任校对:孙国靖 魏佳宁
责任印制:张 凯
出版发行:人民交通出版社股份有限公司
地 址:(100011)北京市朝阳区安定门外外馆斜街 3 号
网 址:http://www.ccpress.com.cn
销售电话:(010)59757973
总 经 销:人民交通出版社股份有限公司发行部
经 销:各地新华书店
印 刷:北京虎彩文化传播有限公司
开 本:880 × 1230 1/16
印 张:5.25
字 数:149 千
版 次:2020 年 6 月 第 1 版
印 次:2020 年 6 月 第 1 次印刷
书 号:ISBN 978-7-114-16461-3
全套定价:100.00 元

本书编委会

前　　言

随着经济的快速发展和国家对环境污染问题的日益重视，水污染治理力度逐渐加强。高速公路作为先进的交通基础设施，为驾乘人员提供旅行便利，但因其大多远离城市，驻地和服务区的生活污水难以排入城市管网，需单独建立污水处理站。然而建设移交后，污水处理站的运营和维护问题成为影响污水处理站达标排放的重点。高速公路污水处理站较分散、日处理量较小，污水处理工艺多以生化处理工艺为主，涉及水质维护、机电设备维护修理等项目与污水处理厂类似。但一直以来，针对这类分散式、小水量污水处理站的维护方式、修理方法、成本计算等无规范可循，无技术手册可依，导致高速公路污水处理站的运营水平参差不齐，运营效果千差万别。

为了进一步规范污水处理站的运营维护，北京市高速公路交通工程有限公司以其运营的污水处理站为研究重点，经过广泛研究、充分调查、认真总结实践经验，吸收了多种污水处理工艺的运行经验和运营管理经验，并结合日常维护、修理中的常见问题以及保障出水水质的调试经验等，经过反复论证，制定本手册，用来规范北京市高速公路污水处理站的运营维护。同时本书也为分散式、小型污水处理站的运营维护提供一个全方面的技术指导，提高污水处理站的运营维护水平，使其长期处于达标排放的稳定运营状态。

本手册共分三册，涉及三种工艺：A^2O（厌氧-缺氧-好氧）+MBR（膜生物反应器）+混凝沉淀工艺、RBC（生物转盘）+CCBF（化学催生微曝气生物滤池）、BCFD（生物化学法耦合脱氮除磷）工艺。本册主要技术内容包含：总则、术语、工艺介绍、运维一般规定、主要设施维护修理、操作规程、管理、污水处理站平面布置图、设备一览表、水质指标分析方法。

本手册可作为高速公路驻地、管理所及服务区等污水处理站的日常管理、维护修理的指导性手册，同时也可作为以乡镇、农村污水处理站为代表的分散式、小水量、片区型污水处理站统一管理的技术指导。

本手册由北京市高速公路交通工程有限公司提出并归口。

编　者

2019年12月

目　录

1　总则 ……………………………………………………………………… (1)
2　术语 ……………………………………………………………………… (2)
3　工艺介绍 ………………………………………………………………… (4)
3.1　工艺流程 ……………………………………………………………… (4)
3.2　工艺单元 ……………………………………………………………… (5)
4　运维一般规定 …………………………………………………………… (7)
4.1　日常巡检 ……………………………………………………………… (7)
4.2　检查 …………………………………………………………………… (8)
4.3　维护 …………………………………………………………………… (9)
4.4　修理 …………………………………………………………………… (11)
5　主要设施维护修理 ……………………………………………………… (12)
5.1　隔油池 ………………………………………………………………… (12)
5.2　化粪池 ………………………………………………………………… (12)
5.3　格栅池 ………………………………………………………………… (13)
5.4　调节池、水解酸化池 ………………………………………………… (13)
5.5　生物转盘 ……………………………………………………………… (14)
5.6　二沉池 ………………………………………………………………… (16)
5.7　CCBF 池 ……………………………………………………………… (17)
5.8　清水池 ………………………………………………………………… (18)
5.9　贮泥池 ………………………………………………………………… (18)
5.10　鼓风系统 …………………………………………………………… (19)
5.11　水质维护 …………………………………………………………… (21)
5.12　假期管理 …………………………………………………………… (21)
5.13　大修 ………………………………………………………………… (21)
6　操作规程 ………………………………………………………………… (23)
6.1　工艺参数的调整 ……………………………………………………… (23)
6.2　机械设备 ……………………………………………………………… (24)
6.3　电气设备 ……………………………………………………………… (25)
6.4　远程控制 ……………………………………………………………… (26)
6.5　手持仪表 ……………………………………………………………… (26)
6.6　取样方法 ……………………………………………………………… (26)
6.7　在线监控系统 ………………………………………………………… (27)
6.8　有限空间安全作业 …………………………………………………… (27)
7　管理 ……………………………………………………………………… (29)
7.1　组织管理 ……………………………………………………………… (29)
7.2　生产运行管理 ………………………………………………………… (31)
7.3　汇报制度 ……………………………………………………………… (33)
7.4　实验室管理制度 ……………………………………………………… (34)

7.5　安全管理制度 …… (36)
7.6　应急管理制度 …… (39)
7.7　突发事故应急操作 …… (40)
7.8　档案管理 …… (40)
8　污水处理站平面布置图 …… (42)
9　设备一览表 …… (44)
附录　水质指标分析方法 …… (45)
一、氨氮测量方法——HJ 535—2009 …… (45)
二、亚硝酸盐氮测量方法——GB 7493—1987 …… (48)
三、硝酸盐氮测量方法——GB 7480—1987 …… (52)
四、总氮测量方法——HJ 636—2012 …… (55)
五、总磷测量方法——GB 11893—1989 …… (58)
六、五日生化需氧量 BOD_5 的测量——HJ 505—2009 …… (61)
七、化学需氧量测量方法——HJ/T 399—2007 …… (67)
八、浮物测量方法——GB 11901—1989 …… (73)

1 总 则

为规范和指导北京市高速公路服务区、分公司驻地和管理所等污水处理站的日常运营和维护,特编制本运维管理技术手册。

本运维管理技术手册以白庙污水处理站的处理工艺为基础进行编制。本手册的条款也适用于高速公路服务区、分公司驻地等处管理站,采用 RBC(生物转盘) + CCBF(化学催化微曝气生物滤池)工艺作为主体工艺的污水处理站的日常检查、运营、维护及相关设备的修理。

污水处理站的运营维护除应符合本手册的规定外,还应符合国家和行业现行有关标准的规定。

本手册根据国家颁布的排污许可证的相关要求制定相应的日常维护准则。

2 术　语

1)生物处理方法(Biological Treatment)

微生物在酶的催化作用下,利用生物(即细菌、酶以及原生动物)的代谢作用,对污水中的污染物质进行分解和转化,处理各种废水、污水和粪尿的方法。

2)活性污泥(Activated Sludge)

微生物群体及它们所依附的有机物质和无机物质。微生物群体主要包括细菌,原生动物和后生动物等。

3)硝化(Nitrification)

在微生物作用下氨氮或游离态氨被氧化成硝酸盐或者亚硝酸盐的过程。

4)反硝化(Denitrification)

在微生物的作用下将水中硝酸盐和亚硝酸盐还原成氮气的过程。

5)化学需氧量(Chemical Oxygen Demand,COD)

在一定条件下,经重铬酸钾氧化处理,水样中的溶解性物质和悬浮物所消耗的重铬酸钾的量相对应的氧的质量浓度。

6)生物化学需氧量(Biochemical Oxygen Demand,BOD)

水体中的好氧微生物在一定温度下将水中有机物分解成无机质,这一特定时间内的氧化过程中所需要的溶解氧量。

7)氨氮(Ammonia)

水中以游离氨(NH_3)和铵离子(NH_4^+)形式存在的氮。

8)总氮(TN)

水中溶解态氮及悬浮物中氮的总和,包括亚硝酸盐氮、硝酸盐氮、无机铵盐、溶解态氨及大部分有机含氮化合物(与碳结合的含氮物质的总称,如蛋白质、氨基酸、尿素等)中的氮。

9)总磷(TP)

水中各种形态的无机磷和有机磷的总和。

10)污泥浓度(Mixed Liquor Suspended Solids,MLSS)

在曝气池单位容积混合溶液内所含有的活性污泥固体物的总质量。

11)回流污泥(Return Sludge)

曝气池混合液经二次沉淀池沉淀浓缩下来的污泥中回流至曝气池的污泥。

12)剩余污泥(Wasted Sludge)

曝气池中的生化反应引起了微生物的增殖,增殖的微生物量通常从二次沉淀池中排出,以维持活性污泥系统的稳定运行,这部分污泥称剩余污泥。

13)污泥龄(Sludge Retention Time,SRT)

曝气池内活性污泥总量与每日排放物泥量之比,又称“生物固体平均停留时间”。

14)水力停留时间(Hydraulic Retention Time,HRT)

待处理污水在反应器内的平均停留时间,也就是污水与生物反应器内微生物作用的平均反应时间。

15)溶解氧(Dissolved Oxygen,DO)

溶解于水中的分子态氧,通常记作 DO,用每升水里氧气的毫克数表示(mg/L)。

16)生物转盘(Rotating Biological Contactor,RBC)

一种生物膜法污水处理技术。由水槽和部分浸没于污水中的旋转盘体组成的生物处理构筑物,主要包括旋转圆盘(盘体)、接触反应槽、转轴及驱动装置等。

17)化学催化微曝气生物滤池(Chemical Catalytic Microaerated Biological Filter CCBF)

一种以铁基质生物载体为填料,应用微电解和生物法深度脱氮除磷技术的构筑物。

3　工艺介绍

3.1　工艺流程

本节以白庙污水处理站的工艺流程为例，对“RBC + CCBF”工艺进行阐述。

白庙污水处理站位于北京市通州区。处理站污水来源于所内员工日常生活产生的淋浴、冲厕废水和餐饮废水。为了保护当地环境、节约水资源而建设的白庙污水处理站采用“RBC + CCBF”污水处理工艺，图 3-1 为白庙污水处理站的工艺流程图。设计污水日处理量为 $80m^3$，设计出水水质满足北京市地方标准《水污染物综合排放标准》(DB11/307—2013) A 级排放标准。表 3-1 和表 3-2 分别为白庙污水处理站设计进出水水质指标。

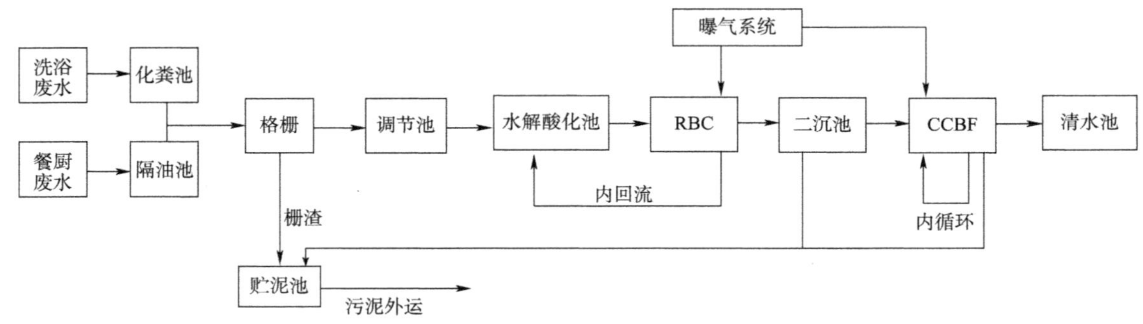

图 3-1　污水处理站工艺流程图

污水处理站进水水质　　表 3-1

指标	pH	COD_{cr}	BOD_5	SS	氨氮
单位	—	mg/L	mg/L	mg/L	mg/L
进水指标范围	6.5 ~ 8.5	250 ~ 450	150 ~ 250	100 ~ 240	20 ~ 40

污水处理站出水水质标准　　表 3-2

指标	pH	COD_{cr}	BOD_5	SS	氨氮	总氮	总磷
单位	—	mg/L	mg/L	mg/L	mg/L	mg/L	mg/L
出水指标范围	6.5 ~ 8.5	20	4	5	1.0	10	0.2

污水处理站采用“RBC + CCBF”工艺。食堂的餐饮废水经过隔油池对水中的油脂进行处理，然后与经过化粪池处理的冲厕废水及洗漱废水汇合。首先，经过格栅，拦截污水中大的漂浮物和悬浮物，以保护后续工艺中的泵体。然后经过调节池，对水质水量进行调节，减少生物处理的冲击负荷。出水进入水解酸化池，大分子有机物转换成易于生物降解的小分子有机物，提高后续处理的有机物去除率。水解酸化池的出水流入生物转盘 RBC。RBC 上附着有生物膜，通过生物膜的作用，将污水中大量有机物、氮、磷等营养元素去除，部分出水回流到水解酸化池，另一部分出水经过二沉池进行泥水分离，然后进入 CCBF 进行深度处理。CCBF 利用微电解原理耦合生物处理进行深度脱氮，并且具有消毒功能。CCBF 出水进入清水池，部分进行回用，另一部分达标排放。

格栅的栅渣、二沉池、RBC 和 CCBF 产生的剩余污泥汇入贮泥池，定期清运。

3.2 工艺单元

图 3-2 为白庙污水处理站平面布置图。

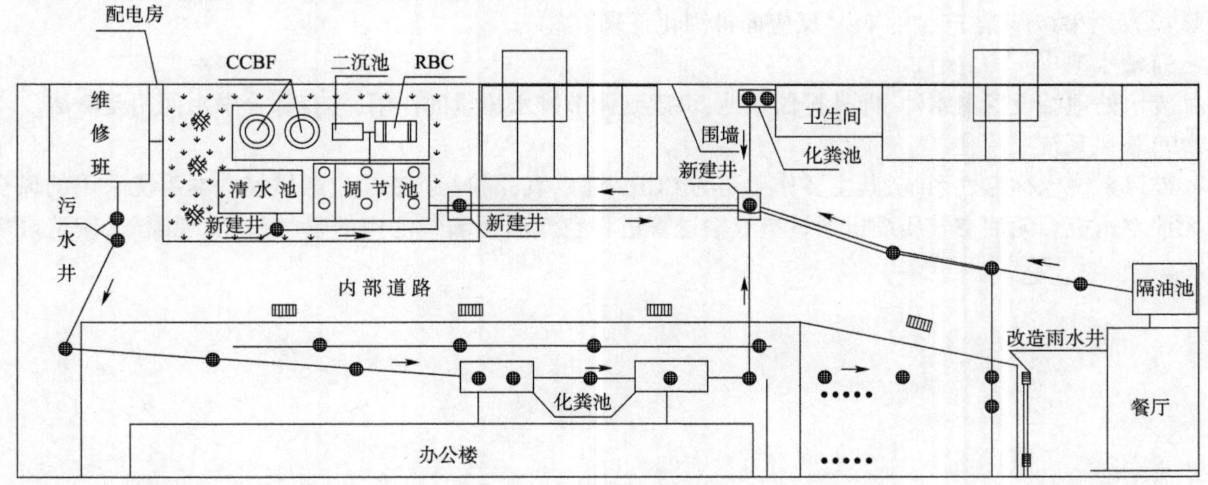

图 3-2 污水处理站平面布置图

1)隔油池

隔油池采用平流式构造。含油废水通过配水槽进入水平截面为矩形的隔油池，沿水平方向缓慢流动，在流动中油品上浮至水面，由集油管流入脱水罐。在隔油池中沉淀下来的重油及其他杂质，积聚到池底污泥斗中。

2)化粪池

化粪池是一种利用沉淀和厌氧发酵的原理，去除生活污水中悬浮性有机物的处理设施，属于初级的过渡性生活污水处理构筑物。污水进入化粪池经过 12~24h 的沉淀，可去除 50%~60% 的悬浮物。

3)调节池

无论是工业废水，还是城市污水和生活污水，水量水质每日每时都有变化。由于高速公路服务区所处地理位置、构筑物场地的不同排水规律变化大，调节池在处理站内主要用于均衡水量和水质的预处理。

4)水解酸化池

水解酸化处理方法是一种介于好氧处理法和厌氧处理法之间的方法，和其他工艺组合起来可以降低处理成本、提高处理效率。在水解酸化池中，大量水解细菌、酸化细菌将不溶性有机物水解为溶解性有机物，将难以生物降解的大分子物质转化为易于生物降解的小分子物质，从而改善废水的可生化性，为后续处理奠定良好基础。其对 COD、BOD、SS 去除率分别达到 25%~30%、15%~25%、65%~70%。

5)生物转盘

RBC 一体化生物转盘污水处理工艺采用一种生物膜法污水处理技术。通过旋转浸没在污水中的多组盘片，使细菌、微生物等附着在生物转盘填料载体上生长繁育，形成膜状生物污泥——生物膜。污水经调节池初级处理后与生物膜充分接触，生物膜上的微生物摄取污水中的有机污染物作为营养，并通过二级过滤装置除去污水中悬浮物，使污水得到净化。

6)二沉池

二沉池是活性污泥系统的重要组成部分，其作用主要是泥水分离，使混合液澄清，浓缩和回流活性污泥。其工作效果能够直接影响活性污泥系统的出水水质和回流污泥浓度。

7)CCBF

CCBF 由两个罐体组成，一个为 CCBF 厌氧反应器，另一个为 CCBF 好氧反应器。

CCBF 厌氧反应器的主要作用：①通过缺氧环境对废水进行水解酸化，使有机物得到部分去除，同时改善废水的可生化性，为后续好氧阶段有机物的降解创造有利条件；②脱氮，通过缺氧厌氧条件下的异养、自养反硝化反应将好氧段回流的硝酸盐转化成氮气而将氮去除；③水中磷与铁离子结合得到部分去除。

CCBF 好氧反应器的主要作用在于：①氨化与硝化反应，同时也存在同步反硝化过程。通过氨化反应将有机氮化合物分解、转化为 NH_4^+ －N，再通过硝化反应将 NH_4^+ －N 氧化为硝酸盐，同时有机物得到部分去除；②水中磷与载体产生的 Fe^{3+} 反应而被固化下来。

8）清水池

废水处理站设置清水池，即外排储水池，可起到调节排水流量的作用，并有部分中水回用至清洁。

9）鼓风系统

鼓风系统也称曝气系统，其主要作用是为 CCBF 池供氧，同时为 RBC 应急供气。本系统采用的风机为无油空压机。无油空气压缩机通过空气输送管道将空气送至曝气池内的曝气头，实现曝气，制造好氧环境。

4 运维一般规定

4.1 日常巡检

日常巡检是指污水处理站的运维人员对各个构筑物及其附属设备、配电和设备间的巡视检查。

(1)巡检路线:化粪池→隔油池→格栅→调节池→水解酸化池→生物转盘→二沉池→CCBF→清水池。

(2)日常巡检宜每天1次,雨季、冰冻季节、极端天气和节假日,应增加日常巡检的频次。天气突变,设备超负荷运行时、法定节日和保证用电时,设备检修改造或长期停用重新启动、新设备投产、设备带病运行时,电源跳闸以及运行中有可疑现象时,应每半小时检查1次。

(3)日常巡检方法主要为目测,必要时可配备简易的工器具。

(4)巡检主要内容包括:

各构筑物的水流是否正常;

各构筑物的液位是否在规定液位范围内;

池体内各机械设备运行是否正常,有无停机现象;

出水质量是否良好,即出水是否清澈透明无异味;

设备间内的清洁情况及设备运行情况;

雨季及假期调节池的水位情况,设备间是否漏水;

污水处理站运行中的其他异常情况。

(5)日常巡检时,需当场填写"日常巡检记录表"(表4-1),发现构筑物或设备有影响正常使用的问题和安全隐患时,应视情况予以处理或报告,并做好记录。记录方式以文字记录为主,并可辅助配合影像记录。日常巡检记录表及相关影像资料每月汇总后按规定存档。

日常巡检记录表 表4-1

巡检日期:________污水处理站日常巡检记录表

序号	检查项目	池体			设备			污泥	气味	pH	DO	备注
		渗漏	密闭	堵塞	异响	振动	损坏停机					
1	隔油池											
2	化粪池											
3	格栅池											
4	调节池											
5	水解酸化池											
6	生物转盘											
7	二沉池											
8	CCBF											
9	清水池											
10	污泥池											

记录人: 复核人:

4.2 检 查

4.2.1 检查的一般规定

检查是指管理和运管人员对污水处理站构筑物及机电设备、控制系统进行的日常检查和定期检查。

(1)日常检查是指管理人员和运管人员对主要构筑物及机电设备、电控系统进行与其运行状况相关的检查。日常检查时应填写日常巡检记录表(表4-1)。

(2)定期检查是指管理人员和运管人员对可能影响主要构筑物及机电设备、电控系统正常运行的因素进行周期性检查。定期检查填写“定期检查记录表”(表4-2)。

定期检查记录表 表4-2

检查日期: ____________污水处理站定期检查记录表

序号	检查项目	池体			设备			污泥	气味	备注
		渗漏	密闭	堵塞	异响	振动	损坏停机			
1	隔油池									
2	化粪池									
3	格栅池									
4	调节池									
5	水解酸化池									
6	生物转盘									
7	二沉池									
8	CCBF									
9	清水池									
10	污泥池									

记录人: 复核人:

4.2.2 日常检查

(1)日常检查每日进行1次。

(2)日常检查采用目测配合简单工器具的方法。日常检查要登记所检查项目的运行情况,估计损坏程度和维护工作量,提出相应的维护措施。

(3)日常检查中发现设备异常或发现故障,应及时通知维修人员,并上报主管人员。

(4)日常检查应包括下列内容:

检查各构筑物的运行状态及是否有漏水情况;

检查构筑物中附属设备的安装是否有松动,吊装设备是否有腐蚀;

检查机械设备是否有异常响声,振动,停机状况;

检查机械设备的易损件是否完好;

检查需要润滑油的机械设备的储油量;

检查加药系统的剩余药量,低于最低液面时应及时进行补充;

对进、出水水质取样及指标检测。检测指标包括COD、氨氮、亚硝态氮、硝态氮、总氮、总磷、SS,并填写水质检测记录表(表4-3)。

水质监测记录表 表4-3

____________污水处理站水质监测记录表

监测时间	COD	BOD	MLSS	氨氮	总氮	总磷	SS	SVI	水温	监测人	备注

续上表

监测时间	COD	BOD	MLSS	氨氮	总氮	总磷	SS	SVI	水温	监测人	备注

复核人：

4.2.3 定期检查

(1)定期检查应符合下列规定：定期检查周期应根据构筑物和机械设备运行状态和技术状况而定。一般为每月1次，在节假日等水量较大时，可适当增加对池体的检查频次。

(2)定期检查主要以目测结合工器具对各构筑物进行仔细检查。定期检查的工作有：

了解污水处理站运行数据记录，并填写污水处理设施运行记录表(表4-4)；

污水处理设施运行记录表 表4-4

__________污水处理设施运行记录表 日期： 年 月 日

<table>
<tr><td colspan="3">处理设备运行情况</td><td colspan="3">水质处理情况及监测</td><td rowspan="2">操 作 人</td></tr>
<tr><td>项 目 名 称</td><td>开 闭 时 间</td><td>处理水量/m³</td><td>项 目</td><td>进 水</td><td>出 水</td></tr>
<tr><td>格栅</td><td></td><td></td><td>隔油池</td><td></td><td></td><td></td></tr>
<tr><td>提升泵</td><td></td><td></td><td>化粪池</td><td></td><td></td><td></td></tr>
<tr><td>污泥回流泵</td><td></td><td></td><td>格栅池</td><td></td><td></td><td></td></tr>
<tr><td>鼓风机</td><td></td><td></td><td>调节池</td><td></td><td></td><td></td></tr>
<tr><td>回用泵</td><td></td><td></td><td>水解酸化池</td><td></td><td></td><td></td></tr>
<tr><td colspan="3">设备维修记录</td><td>生物转盘</td><td></td><td></td><td></td></tr>
<tr><td colspan="3" rowspan="3"></td><td>二沉池</td><td></td><td></td><td></td></tr>
<tr><td>CCBF</td><td></td><td></td><td></td></tr>
<tr><td>清水池</td><td></td><td></td><td></td></tr>
<tr><td>备注</td><td colspan="6"></td></tr>
</table>

当场填写定期检查记录表(表4-2)；

检查需要清淤的池体液位情况及内部沉淀物等的总量情况；

检查控制系统电源线连接情况和空开等的断电情况；

检查搅拌机等安装设备安装牢固性等情况；

检查格栅等拦截设备的拦截物总量情况；

检查易损件的破损总量及破损位置等情况；

检查润滑油的液位情况及颜色情况。

4.3 维 护

维护是为了使污水处理站正常运行，污水处理站的管理者及工艺人员对工艺、构筑物等进行的常规检查、补充、调整、润滑等工作，以保证污水处理站的正常工作，并延长其使用寿命。

(1)维护的频次由各设备的运行状况和技术参数决定，一般每月1次。在特殊情况下，如进水杂物增多、出水水质不达标等情况应增加频次。

(2)维护主要采用专业的工器具、设备等对构筑物等进行必要的清洁、疏通及工艺参数的调整。对机械设备进行检查、调整、润滑,以维护其正常工作状态。维护的主要内容包括:

设备间的维护,如防漏措施维护;

化粪池和隔油池等池体的清淤和外运;

各机械设备的维护,如添加与更换润滑油、更换易损件等;

电控系统各连接线的加固与更换;

格栅拦截物的清理及冲刷;

各构筑物的防渗防腐;

电气设备的维护,如防漏电措施;

活性污泥系统的调整,如调整回流比等运行参数、MLSS 等参数测试;

远程控制系统的定期维护;

水质监测仪器及检测仪器的定期校核。

(3)维护时,需要填写润滑维护记录表(表 4-5),设备维护记录表(表 4-6)。

润滑维护记录表　表 4-5

________污水处理站润滑油维护记录表

设备名称	维护日期	维护内容	油品规格名称	用　量	维护人

复核人:

设备维护记录表　表 4-6

________污水处理站设备维护记录表

序号	设备编号	设备名称	维护内容	1月	2月	3月	4月	5月	6月	7月	8月	9月	10月	11月	12月

编制:　　审核:　　批准:

4.4 修　　理

维修人员需就污水处理站构筑物、机械设备、控制系统等损坏部位及故障、异常情况等进行修理工作。

(1)设备的修理为不定期,主要是针对日常巡查和检查时出现的异常情况和故障进行的故障排查和检修,多针对机械设备、连接件和电控系统;极少数情况下针对漏水的罐体。

(2)针对每个设备都有不同的修理方法,具体参照第6章的操作规程。

(3)修理主要内容包括:

根据不同设备的不同损害程度进行修理;

根据构筑物的破损、渗漏情况进行修理。

如:机械设备故障、异常问题排查;电控系统维修及电气元件等更换;供气单元器件、管路等更换;远程控制单元如摄像系统、信号传输系统等检修及更换。

(4)修理时,需要填写设备修理统计表(表4-7)。

设备修理统计报表　　表4-7

＿＿＿＿污水处理站设备修理统计表

序号	设备名称	产地	供应商	型号	外形尺寸	总质量	安装地点	设备编号	电机数量	电机功率	使用状况	出厂日期	使用日期	设备原值(元)	主要技术性能说明	备注
1																
2																
3																
4																
5																
6																
7																
8																

编制:　　　　审核:　　　　批准:

5　主要设施维护修理

5.1　隔　油　池

5.1.1　检查

1）日常检查

（1）检查罐体液位是否在高液位和低液位之间；

（2）检查进出口滤网处有无异物，是否堵塞；

（3）检查是否有油通过。

2）定期检查

（1）每半个月检查1次集油槽，确定并记录油脂上表面距清掏位置的距离；

（2）每半年检查1次罐体的腐蚀情况；

（3）每半年检查1次池体及管道的破损情况。

5.1.2　维护

（1）每周应清理一次滤网（注：滤网位于进水口处，是一个多孔的金属体），以防过多的菜渣残留导致滤网堵塞，从而影响废水进入隔油池的速度。使用热水洗刷滤网上的油脂。

（2）脱水罐内设置清掏水位线，当油脂达到清掏位置时，即需要进行清掏。清掏周期因季节及具体情况有所不同，一般夏季每1.5个月清理1次，冬季每个月清理1次。

清理时应注意以下几点：

①清理之前，必须通风并进行毒气测试，以保证操作人员的安全；

②打开隔油池盖并通风10～15min，不得携带火种或在隔油池旁接打电话；

③清理隔油池之前，在周边设置警示标志或护栏；

④利用工具挖除隔油池表层凝固油垢，然后起动吸污车吸出隔油池内的污水；

⑤隔油池清理完毕后，检查池内有无附着积物、出入口是否通畅；

⑥盖好隔油池盖，清洗工具并清洁工作现场。

5.1.3　修理

隔油池如发生破裂，应及时修补或更换池体。

5.2　化　粪　池

5.2.1　检查

1）日常检查

（1）检查池体液位是否在高液位和低液位之间。

（2）每日清理检查井井盖上的杂物。

2）定期检查

每半个月检查化粪池三格中固体沉积物距水面的距离，尤其注意最后一格的距离。

5.2.2　维护

化粪池内设置清掏线，当粪便等固态物质沉积位置达到清掏位置时，即需要进行清掏。清掏周期与季节及化粪池大小有关,一般每半年清掏 1 次。

5.2.3 修理

池体进出水管道发生堵塞或池体发生破裂时,一般需要清空池体进行修理。

对于非硬性的堵塞,如食物残渣或毛发的堵塞,可使用手摇的弹簧式的疏通器进行疏通;或用负压方法,如使用橡胶皮碗类工具,压住水口,一松一紧地反复挤压。如果是硬性的堵塞,则需要用高功率的管道疏通机。

5.3 格 栅 池

5.3.1 检查

1)日常检查

(1)检查格栅是否有堵塞;

(2)检查格栅是否有破损。

5.3.2 维护

(1)在使用过程中,如果有大的漂浮物造成堵塞,需要及时清理;

(2)每个月将格栅提出来进行 1 次清理;

(3)每年对格栅做 1 次防腐。

5.3.3 修理

格栅常见问题及解决方法见表 5-1。

格栅常见问题及解决方法　　表 5-1

序号	常见问题	原因分析	解决方法
1	无法拦截垃圾	栅条腐蚀断裂	修理修补
2	格栅内水位过高	格栅堵塞	清理堵塞垃圾

5.4 调节池、水解酸化池

5.4.1 检查

调节、水解酸化池是将水解酸化池和调节池合并建设形成的。既起到了调节水质、水量的作用,又通过在池体中分格起到将有机物大分子降解为易于被微生物利用的小分子的作用。池内设有提升泵及浮球液位计控制。

1)日常检查

(1)检查池体是否因浮球液位计故障而导致低液位时提升泵空转或水位太高而水泵未起动导致池;

(2)检查提升泵是否有异常声响;

(3)检查提升泵是否堵塞;

(4)目测进水中泥沙含量。

2)定期检查

(1)每半年将提升泵取出检查小修;

(2)每年对提升泵进行 1 次大修,主要修理部位为:叶轮、机械密封和电机轴承。

5.4.2 维护

(1)一般情况下:夏季每 1.5 个月清理 1 次,冬季每个月清理 1 次底部沉积物。短期内进水泥沙等较多时,应视具体情况进行清理。当提升泵抽取的污水中含有泥沙时,须对调节池进行清理;

(2)提升泵在使用半年后,应进行检查,更换已损坏的易损件;

(3)提升泵运行 1 年后，应对机械密封进行检查，检查润滑油室中油的状况。如润滑油呈乳化状态，应更换 N10 或 N15 机械油。油不宜加满，应留 10% 空隙；

(4)提升泵拆卸、维修、重新组装时，应更换全部 O 形橡胶静密封圈。油室换油后如果运行较短时间就发生漏水警报，应检查机械密封和加油螺塞是否密封可靠；

(5)提升泵拆卸、维修后，机壳组件必须经过 0.2MPa 气密性试验检查，以确保电机密封可靠；

每隔 6 ~ 7 年(不低于 5 年)对池体大修 1 次，加强防水、修补池体时须遵循有限空间作业规定。

5.4.3 修理

潜污泵的常见问题及解决方法如表 5-2 所示。

潜污泵常见问题及解决方法　　表 5-2

序号	常见问题	原因分析	解决方法
1	潜污泵不运转	(1)电源故障； (2)电机保护断路器跳闸； (3)控制回路故障	(1)启动开关，检查电缆是否有问题，接头是否松开； (2)见本表 2，电机保护断路器已跳闸的原因分析与解决方法； (3)修理或更换控制回路
2	电机保护断路器已跳闸(在电源接通时立即跳闸)	(1)电机保护断路器的触点或电磁线圈故障； (2)电缆连接松开或者出现故障； (3)电机绕组损坏； (4)水泵被机械性卡滞； (5)电机保护断路器的过载电流设置太低	(1)更换电机保护断路器的触点、电磁线圈或整个电机保护断路器； (2)检查电缆和接头是否有问题，更换熔断丝； (3)修理或更换电机； (4)切断电源，清洁或修理提升泵； (5)根据电机的额定电流来设置电机保护断路器
3	电机保护断路器偶尔跳闸	(1)电机保护断路器的过载电流设置太低 (2)周期性电源故障； (3)周期性出现低电压	(1)见本表 2，电机保护断路器的过载电流设置太低； (2)见本表 2，电缆连接接头松开或出现故障； (3)检查电缆是否有问题，接头是否松开，检查提升泵的电源线尺寸是否合适
4	电机保护断路器未跳闸，但泵却停止运行	见本表 1 水泵不运转或本表 2 电机保护断路器的过载电流设置太低	
5	潜污泵运行不稳定	(1)水泵进口压力太低； (2)进水管道被杂物部分堵塞； (3)进水管存在泄漏； (4)进水管或提升泵中进入空气	(1)检查进水口条件是否正确； (2)拆下进水管道进行清洁； (3)拆下进水管道进行修理； (4)排空进水管或提升泵，检查进水口条件是否正确

5.5 生物转盘

5.5.1 检查

日常检查：

(1)轴承。检查轴承有无异常声响，检查轴承温度、润滑油状态是否正常。检查机油状态(是否变色)、机油量、回转声音(机油有异常或有异常声响时需处理)。

(2)链条和链轮。检查链条和链轮有无异常声响；检查链条的松紧状态，如有松懈，请调整减速机位置；检查链轮磨损情况，如果磨损严重，则要处理解决；检查润滑油状态，颜色异常、混入水分时，必须更换润滑油。

(3)减速机。检查电机电流是否在额定数值内，有无增减、波动；有无异常声响、震动、过热；检查润滑油、机油是否有泄漏；检查螺栓、螺母是否有松懈。

(4)转轴。检查回转是否均匀;检查吸附的微生物膜颜色、臭气如何。检查转轴的螺栓是否有松懈、脱落等情况;检查是否有温度等原因造成盘片的变形;检查菌种的吸附状态。如果盘片有变形,则需要进行降低水温等处理。

5.5.2 维护

(1)轴承需要3个月加1次油,1年换1次油。换油的时候必须把轴承里的油全部刮干净,全部换新油。加油用专门的加油枪。换油位置在生物转盘的进水端。将轴承顶端的盖子打开,可以看见一个洞口,即加油口。从此处往里面注油,加满为止。

(2)减速机每6个月加1次油,每年换1次油。

(3)依运行情况给链条加油,一般每个月加1次油,将润滑油直接涂抹在链条上即可。

5.5.3 修理

生物转盘常见问题部件主要有减速器和联轴器。下面分别进行介绍。

减速器常见问题及解决方法如表5-3所示。

减速器常见问题及解决方法 表5-3

序号	故　障	原　因	解决方法
1	有规律的异常运转噪声	(1)撞击/摩擦噪声:轴承损坏; (2)敲击噪声:齿轮啮合不均匀或损伤	检查润滑油,更换轴承
2	异常、无规律的运转噪声	润滑油中有异物	减速机停止转动,检查润滑油
3	润滑油泄漏: 在减速器盖上; 在电机润滑油油封上; 在电机凸缘上; 在减速器凸缘上; 在输出端油封上	(1)减速器盖上的橡胶密封圈发生渗漏; (2)密封圈损坏; (3)减速器透气阀失效	(1)拧紧减速器盖上的螺钉并继续观察减速器; (2)更换密封圈; (3)更换减速器透气阀
4	润滑油从透气阀渗出	(1)润滑油太多; (2)减速器安装位置错误; (3)频繁冷起动(润滑油起泡沫)/或者较高的油位	(1)调节油量; (2)正确安装透气阀; (3)采用膨胀油箱
5	电机或减速器输入轴窜动	减速器中的齿轮断齿或齿轮磨损严重连续断裂	将减速器或减速电机送去修理

联轴器的常见问题及解决方法如表5-4所示。

联轴器的常见问题及解决方法 表5-4

序号	故　障	原　因	解决措施
1	异常,有规律的运动噪声	撞击/摩擦	(1)运输情况排查; (2)更换密封圈
2	润滑油泄漏	密封圈损坏	
3	电机或输入轴转动,而输出轴不转	联轴器弹性体轮齿断裂	更换弹性体
4	运转声音发生变化/或者出现不正常的震动	(1)弹性体磨损或损坏,造成金属瓜盘接触传递扭矩; (2)联轴器轴向连接螺栓松动	(1)更换弹性体; (2)拧紧并锁紧螺栓
5	过早的弹性体消失	(1)接触腐蚀性流体或油,臭氧的侵蚀影响,工作环境温度过高等,导致弹性体发生性能的改变; (2)对于弹性体,禁止环境温度以及接触温度过高;最大的温度允许范围:-20℃到+80℃; (3)弹性体负荷过载	(1)检查进水环境; (2)降低弹性体接触温度或进行升温状况排查

除了设备问题，生物转盘还会存在以下工艺问题：

1）生物膜严重脱落

在转盘起动的两周内，盘面上生物膜大量脱落是正常现象。但在正常运行阶段，膜的大量脱落会给运行带来困难。产生这种情况的主要原因可能是进水中含有过量毒物或抑制生物生长的物质，如重金属、氯或其他有机溶剂。此时应及时查明毒物来源、浓度、排放的频率与时间，立即将氧化槽内的水排空，用其他废水稀释。彻底解决的办法是防止毒物进入。如不能控制毒物进入时，应尽量避免负荷达到高峰，或在污染源采取均衡的办法，使毒物负荷控制在允许的范围内。

pH 值突变是造成生物严重脱落的另一原因。当进水 pH 值在 6.0～8.5 范围时，生物膜生长正常，膜不会大量脱落。若进水 pH 值急剧变化，如 pH 小于 5 或大于 10.5，将导致生物膜大量脱落。此时，应投加化学药剂予以中和，以使进水 pH 值保持在 6.0～8.5 的正常范围内。

2）产生白色生物膜

当进水发生腐败或含有高浓度的硫化物（如硫化氢、硫化钠、硫酸钠等）或负荷过高使氧化槽内混合液缺氧时，生物膜中硫细菌（如贝氏硫细菌或发硫细菌）会大量繁殖，并占优势，会使盘面发白。除上述条件外，有时进水偏酸性，使膜中丝状真菌大量繁殖，此时，盘面也会呈白色，处理效果就会大大下降。

防止产生白色生物膜的措施方法有：

（1）对原水进行曝气；

（2）投加氧化剂（如硝酸钠）以提高污水的氧化还原电位；

（3）对污水进行脱硫处理；

（4）消除超负荷状况，增加第一级转盘的面积，将一、二级串联运行改为并联运行以降低第一级转盘的负荷。

3）固体的累积

若是进水悬浮物浓度过高，挥发性悬浮固体（主要是脱落的生物膜）在氧化槽内大量积累就会腐败、发臭，并影响系统运行。

在氧化槽中积累的固体物数量上升时，应使用污水泵将槽中污水抽去，并检验固体的类型，分析产生固体累积的原因，并加以解决。如属原生固体累积则应加强生物转盘处理系统的运行管理；若属次生固体积累，则应适当增加转盘的转速，增加搅拌强度，使其便于同出水一道排出。

4）污泥漂浮

从盘片上脱落的生物膜呈大块絮状，一般用二沉池加以去除。二沉池的排泥周期通常为 4h。周期过长，会产生污泥腐化；周期过短，会加重污泥处理系统的负担。二沉池去除效果不佳或排泥不足等都会产生污泥漂浮现象。由于生物转盘不需要回流污泥，污泥漂浮现象不会影响转盘 BOD 的去除率，但会严重影响出水水质。因此，应及时检查排污设备，确定是否需要维修，并根据实际情况适当增加排泥次数，以防止污泥漂浮现象的发生。

5.6　二　沉　池

5.6.1　检查

1）日常检查

（1）每日查看池体周围是否有漏水现象；

（2）每日清理检查井井盖上的杂物；

（3）每日检查出水的感官指标，如悬浮污泥的数量、是否有污泥上浮等现象，出水是否清澈透明。

2）定期检查

每年进行 1 次放空检修，重点检查水下设备、管道是否异常。

5.6.2　维护

（1）二沉池每半个月向污泥池排放剩余污泥 1 次。

(2)每年进行 1 次放空检修,重点检查水下设备、管道是否异常。

5.6.3 修理

二沉池常见问题及解决方法如表 5-5 所示。

二沉池的常见问题及解决方法 表 5-5

序号	常见问题	原因分析	解决方法
1	二沉池出水悬浮物含量增大	(1)曝气池出现污泥膨胀; (2)进水水量突然增大; (3)曝气池污泥浓度过高; (4)絮状污泥解体; (5)活性污泥在二沉池停留时间过长	(1)应解决污泥膨胀问题; (2)服务区污水处理站一般不存在此类问题,前置的调节池可以起到水质水量的调节作用; (3)应加大剩余污泥的排放量; (4)参考曝气池问题解决方法; (5)加大回流量
2	污泥上浮	(1)污泥在二沉池内发生酸化或反硝化; (2)反硝化造成的污泥上浮	(1)及时排出剩余污泥和加大回流污泥量,缩短污泥在二沉池内的停留时间;加强曝气池末端的充氧量,提高进入二沉池的混合液中溶解氧的含量,保证二沉池中污泥不处于厌氧或缺氧状态; (2)可以增加污泥的排放量,降低污泥龄,通过控制硝化程度,达到控制反硝化的目的
3	二沉池表面出现黑色块状污泥		保证剩余污泥及时排放,排除排泥设备的故障,清除沉淀池内壁或某些死角的污泥,降低好氧处理系统污泥的硝化程度,加大污泥回流量,防止其他构筑物的腐化污泥进入二沉池

5.7 CCBF 池

5.7.1 检查

1)日常检查

(1)每日查看池体周围是否有漏水现象;

(2)每日清理池体周围、池体表面的杂物;

(3)每日检查出水的感官指标,查看出水是否浑浊。

2)定期检查

(1)每个月检查 1 次池体腐蚀情况;

(2)每个月对进、出水电动阀门检查 1 次;

(3)每个月抽检填料损耗情况;

(4)每个季度对长期开启和长期关闭的电动阀门操作 1 次。

5.7.2 维护

反应装置中的 CCBF 填料若因运行不善或水固体摩擦而造成损失时,根据损失量(一般载体体积少于罐体总体积的 50% 时)进行补充,最少将体积补充至罐体总体积的 60%。

每 5 年加强 1 次罐体防腐层。

每年填充 3% 催化载体。

5.7.3 修理

CCBF 常见问题及解决方法如表 5-6 所示。

CCBF 的常见问题及解决方法　　表 5-6

序号	常见问题	原因分析	解决方法
1	罐体腐蚀	由于微电解的特殊性，液面与罐体接触的位置难免发生腐蚀现象	腐蚀不严重时可加强巡查，若腐蚀面积持续扩大，应联系厂家进行防腐维护
2	处理效果变差	(1)好氧反应器溶解氧偏低； (2)厌氧反应器溶解氧偏高	(1)调节曝气泵控制曝气量，控制溶解氧含量至 4.5～6.0 mg/L；或调整控制回流比，实现均匀布水； (2)调小与好氧反应器的循环水量，同时控制好氧反应器溶解氧含量，不宜过高
3	池中出现黄褐色悬浮物质	载体析出所致	可进行人工搅拌，待其自然沉降

5.8 清　水　池

5.8.1 检查

1）日常检查

（1）每日清理检查井井盖上的杂物；

（2）每日检查出水的感官指标，如悬浮污泥的数量、是否有污泥上浮现象。

2）定期检查

（1）每年春季对清水池排空、检查；

（2）运营部每月对进、出清水池电动阀门检查 1 次；

（3）每季对长期开启和长期关闭的电动阀门操作 1 次；

（4）检查清水泵的易损件的磨损情况及线路连接情况。

5.8.2 维护

（1）科学控制清水池水位，确保清水池排水泵在低液位停止，在高液位启动，完成清水外排；

（2）每半年将清水泵取出检查小修，每年对泵进行 1 次大修，主要修理部位为叶轮、机械密封和电机轴承。

5.8.3 修理

清水池常见问题及解决办法如表 5-7 所示。

清水池常见问题及解决方法　　表 5-7

常见问题	原因分析	解决方法
水体外溢	(1)清水池内浮球控制失效； (2)清水泵故障； (3)清水池泄漏	(1)检查浮球位置及缠绕情况、导线的连接情况及腐蚀情况、信号传输情况； (2)检修清水泵； (3)清水池一般不易泄漏，如发生泄漏，应排空补修

5.9 贮　泥　池

5.9.1 检查

1）日常检查

（1）每日查看贮泥池液位情况及上清液溢流是否有堵塞现象；

（2）观察曝气管的曝气状态，是否存在堵塞现象。

2）定期检查

每周检查 1 次贮泥池污泥堆积厚度。

5.9.2 维护

(1)每个月进行1次集中排泥;

(2)每年清空贮泥池体1次,清洗池体内壁,并清除贮泥池搅动曝气管中堵塞的污泥;

(3)运走、处置剩余污泥。

5.9.3 修理

贮泥池常见问题及解决方法如表5-8所示。

贮泥池常见问题及解决方法　　表5-8

常见问题	原　因	解决方案
污泥堆积严重	(1)排泥口堵塞; (2)池底坡度不足	(1)人工疏通排泥口; (2)清理底泥,必要时铺设水泥加大池底坡度

1)清理贮泥池时必须采取的安全措施

(1)设置有毒有害气体探测仪、自动报警仪器,配安全带、安全绳、空气呼吸器安全器材和个人防护用品;

(2)作业和抢救时必须戴防护面具、防护手套;

(3)设置必要的通风设备;

(4)在危险源处设置安全警示标志。

2)清理作业的流程

(1)敞开贮泥池1~2h,然后用有害气体探测仪检测其中的有害气体的浓度,当浓度下降到安全下井的要求时,方可以下到池底作业;

(2)系好安全带、安全绳等个人防护用品下井作业;

(3)将池底污泥打包处理,利用电机提升到井外;

(4)下井作业人员必须2h替换1次(循环作业);

(5)其他注意事项可参考“6.8 有限空间安全作业”。

5.10 鼓风系统

鼓风系统主要包括空气压缩机、曝气管路和曝气头,用以向CCBF池鼓风曝气,以及向RBC应急鼓风曝气。

5.10.1 检查

1)日常检查

(1)检察空气压缩机机器螺丝是否松动;

(2)观察空气压缩机是否有异常声响、振动及高温现象;

(3)打开罐上排水球阀,储气罐至少每日泄水1次;

(4)检查曝气管路是否有破裂漏气。

2)定期检查

(1)每周清洗1次空气滤清器滤芯;

(2)每周拉动1次安全阀拉环,检查其功能是否正常;

(3)每周检查1次压力控制开关及单向阀功能是否正常;

(4)每周检查1次电气线路各连接处是否松动,如有松动必须拧紧;

(5)每隔半年对空气压缩机做1次清洁维护,并检查各边接处是否有泄漏;

(6)每隔半年检查1次阀板、阀片、活塞环等机件并确认是否正常;

(7)安全阀和压力表每隔半年到计量所进行检验校准;

(8)使用6年以后,对储气罐进行耐压试验。

5.10.2　维护

(1)每周清洗1次空气滤清器滤芯;

(2)每隔半年对空气压缩机做1次清洁维护,并检查各边接处是否有泄漏。

5.10.3　修理

空气压缩机的常见问题及解决办法如表5-9所示。

空气压缩机常见问题及解决办法　表5-9

序号	常见问题	原因分析	解决方法
1	空气压缩机不停工作,但供气还是不足	(1)管道或阀门连接处漏气; (2)机头皮碗磨损或者超过额定流量	(1)依次检查可能漏气处,并修理; (2)更换皮碗,皮碗的寿命在3年左右
2	空气压缩机间歇工作,供气不足	(1)电压不足; (2)起动电容漏电	(1)检查电路,若是电压经常不稳定,加装自动稳压器; (2)更换起动电容
3	空气压缩机每次工作都要把储气罐的气压放到零气压后才能起动工作	单向阀堵塞	用扳手将单向阀后的阀盖打开,清洗后原样装回
4	噪声大	(1)配件松动; (2)电机轴承磨损	(1)紧固配件; (2)更换轴承

阀门常见问题及解决方法如表5-10所示。

阀门常见问题及解决方法　表5-10

序号	常见问题	主要原因	解决方法
1	阀门无法完全打开或完全关闭	(1)阀门闸板处有异物卡阻; (2)开度限位器与阀门闸板旋转角度不相符; (3)阀门两侧压力相差过大; (4)限位器已损坏	(1)清除异物; (2)重新调整限位器; (3)利用旁通阀或其他办法消除压力; (4)修复或更换
2	阀门外部泄漏	(1)凸缘之间的密封圈装配不良或失效; (2)凸缘之间有间隙	(1)重新安装或更换密封圈; (2)重新安装

曝气头常见问题及解决方法如表5-11所示。

曝气头常见问题及解决方法　表5-11

故障	主要原因	解决方法
曝气效果差或不理想	(1)有杂质堵塞曝气头; (2)曝气头设置不合理; (3)空气管泄漏; (4)供气不足; (5)曝气头安装水平误差过大; (6)曝气头已损坏; (7)曝气头微孔过大; (8)曝气头松动; (9)水流过快或不均匀; (10)叶轮、叶片不平衡; (11)叶轮、叶片有杂物; (12)叶轮、叶片已损坏; (13)叶轮、叶片入水深度过大或过小	(1)清除杂质调整、修复或更换曝气头; (2)重新调整或设置曝气头; (3)修复或更换空气管; (4)检查、修复、调整供气装置; (5)重新调整或安装曝气头; (6)修复或更换曝气头; (7)更换曝气头; (8)重新调整或安装曝气头; (9)重新调整叶片、叶轮角度; (10)重新调整叶片、叶轮; (11)清除杂物; (12)更换或维修叶片、叶轮; (13)重新调整叶片、叶轮

5.11 水质维护

5.11.1 出水氨氮过高时的维护方法

(1)检查生物转盘中溶解氧含量是否在1.2~2.0mg/L范围内,若溶解氧含量偏低,需通过调节转盘转速增加溶解氧含量。

(2)在确保溶解氧充足的条件下,延长CCBF好氧池停留时间。

(3)进水负荷的突然增高也会导致氨氮去除效果不佳,此时应通过延长反应时间、调小进水流量来降低负荷的冲击。

5.11.2 出水硝态氮过高时的维护方法

(1)生物转盘上生物膜变薄或者是出现异常情况,调整方法详见5.5.3修理。

(2)CCBF厌氧池溶解氧含量过高,适当调小CCBF内回流降低溶解氧含量;CCBF填料消耗过多,则需要添加填料。

5.11.3 出水总磷过高时的维护方法

(1)生物转盘上生物膜变薄或者是出现异常情况时,调整方法详见5.5.3修理。

(2)CCBF填料消耗过多,则需要添加填料。

5.11.4 出水浊度过高时的维护方法

(1)生物转盘生物膜大量脱落,导致出水浊度变高,解决方法详见5.5.3修理。

(2)CCBF池体中的载体填料析出时,对池水进行搅拌,使载体填料自然沉降。

5.11.5 水温过低时的维护方法

(1)生物转盘、二沉池等池壁采用发泡保温板保温,外砌砖围护(炉渣、膨胀珍珠岩等填充)结构,池顶加盖等保温措施。

(2)空压机一侧设空气预热室,将冬季-10~20℃的冷空气预热到5~8℃;空气管道设置管廊,便于保温处理等。

(3)用热蒸汽给进入曝气池的污水加热。

(4)本工艺主体单元设置在室内,冬季应进行市政供暖。

5.11.6 出现极端问题时的维护方法

当系统同时出现前述多种问题时,系统则已经处于崩溃状态。应重新接种培养生物膜,并对CCBF中的填料进行清理。

5.12 假期管理

在国家法定节假日时期,如十一、五一等假期,服务区的客流量相比于平时会有较大的增长,随之而来的是污水量的增加,此时水质、水量变化较大。在实际运行中,可根据具体情况及各构筑物的运行情况,提高水量的监测频率,及时调整相关设备,以缓解节假日带来的污水猛增现象。此外,密切观察调节池液位,若超过预警线,则要适量调大进水流量,防止污水溢出。

5.13 大修

污水处理站在经过6~7年的运行后,需要对整体工艺(池体、设备、附属设施)进行一次统一的维护修理。大修属于专项工程,须依照公司相关规定进行安排。一般委托给第三方进行大修。

大修流程可参考下述内容:

(1)关闭池体进水,所有池体中的设备停止运行,使池中的污泥沉降。

(2)打开各池体的放空阀,将池体中的水放空。生物转盘和二沉池中的泥小心收集,切勿流失。

(3)连接好消防水带,准备清洗各池体。

(4)对化粪池、调节池、水解酸化池的池体内壁清洗冲刷干净;全面检修池中的提升泵,有故障及时修理。

(5)清洗生物转盘反应槽,对破损的盘片进行更换,对轴承进行养护。清理出的污泥使用吊车吊装拉走。

(6)清洗二沉池内壁,清理底部淤泥,清洗斜板。

(7)清洗 CCBF 池池壁,对池壁做防腐加强。添加或更换填料。

(8)清理清水池池体内壁,修理清水回用泵。

(9)对各构筑物进行防腐、防渗养护。

(10)全面检查变压器中性点;检查高压配电柜,清理灰尘;检查低压配电柜,清理灰尘。检查现场配电箱,清理灰尘。

(11)检查各在线监测仪器紧固程度,拆下仪器探头并冲洗。

(12)大修结束后,清理现场,将排出的泥重新注入池体中。

(13)打开各设备开关,检查其是否正常运行。

6 操作规程

6.1 工艺参数的调整

6.1.1 *HRT*

HRT 按式(6-1)计算

$$HRT = \frac{V}{Q} \tag{6-1}$$

式中:*HRT*——水力停留时间,h;

V——构筑物容积,m^3;

Q——进水流量,m^3/h。

由于构筑物容积已定,所以进水流量决定了每个构筑物的水力停留时间。进水流量越小,水力停留时间越长;反之,进水流量越大,则水力停留时间越短。不同构筑物水力停留时间的取值范围见表 6-1。

不同构筑物水力停留时间取值范围 表 6-1

构筑物	生物转盘	CCBF	二沉池
HRT(h)	1.0 ~ 1.5	3.0 ~ 5.0	1.5 ~ 2.5

当出水水质不达标时,可参照设计值进行 *HRT* 的校核。校核 *HRT* 时,水量应该算上污泥回流量与内回流量等。若 *HRT* 过小,应缓慢减小污水量;若 *HRT* 过大,应缓慢加大污水量。注意:污水量的增减都应缓慢变动,否则会造成系统的冲击负荷。

通过控制“调节池中提升泵的流量”来增大或减少系统的进水流量,以达到调节系统各工艺单元水力停留时间的目的。

6.1.2 *DO*

生物转盘中的溶解氧含量要求为 1.2 ~ 2.0mg/L。如若溶解氧含量不在此范围内,需调节生物转盘的转速(1.5 ~ 2.0r/min)。溶解氧含量低,则缓慢调高转速;溶解氧含量高,则缓慢调低转速。调节转速以后,等 30min 再监测溶解氧含量。若是仍然没有达到标准含量,则再次调节转速,直到溶解氧含量达到标准范围。

CCBF 好氧池的溶解氧含量要求为 4.0 ~ 6.5mg/L。如若溶解氧含量不在此范围内,需调节空气压缩机出气口调节阀门。溶解氧含量低,则调大阀门,溶解氧含量高,则调小阀门。调节阀门以后,等待 30min 再监测溶解氧浓度,若是仍然没有达到标准浓度,则再次调节阀门,直到溶解氧含量达到标准。

6.1.3 生物转盘挂膜

生物转盘是生物膜法生物处理技术。因此,生物转盘功能的发挥有赖于生物膜的形成(挂膜)。

生物转盘挂膜起动流程为:将生物转盘进出水阀门关闭,接种活性污泥置于氧化槽中。在不进水的情况下,使盘片低速旋转 12 ~ 24h,盘片上便会黏附少量微生物。接着打开进出水阀门,开始正常运转。先以设计流量的 10% ~ 20% 运行,观察生物膜在转盘上的生长情况。当生物膜在转盘上已经覆盖均匀,则将进水调整至设计进水,满负荷运行。

挂膜要求进水具有合适的营养、温度、pH 值等,避免有毒物质的大量进入;因初期膜量少,盘片转速应低些,以免使氧化槽内溶解氧过高。

生物转盘上的生物膜中的生物呈分级分布。第一级生物往往以菌胶团细菌为主,膜亦最厚。随着有机物浓度的下降，以下数级依次出现丝状菌、原生动物及后生动物。随着生物的种类不断增多，生物量即膜的厚度不断减少。依污水水质的不同，每一级都有其特征性的生物菌群。当水质浓度或转盘负荷有所变化时，特征性生物层次也随之前推或后移。通过生物相的观察可了解生物转盘的工作状况，发现问题，及时解决。

正常的生物膜比较薄，厚度约 15mm 左右。外观粗糙，带黏性，呈灰褐色。盘片上过剩生物膜的脱落，是正常的更替，随之即被新膜覆盖。

6.1.4　CCBF 内回流

CCBF 两个罐体之间需要进行内回流，由 CCBF 好氧反应器通过循环泵回流到 CCBF 厌氧反应器。内回流的目的是将 CCBF 好氧反应器产生的硝酸盐回流至 CCBF 厌氧反应器，使反硝化得以去除。

回流比正常为 100%，冬天可适当调大至 200%。

当厌氧反应器的溶解氧含量高于 1.0mg/L 时，可适当调小回流比；反之，则调大回流比。调节回流比以后次日再次监测溶解氧含量，如果依然高于 1.0mg/L，则继续调节，直至小于 1.0mg/L。

6.2　机 械 设 备

6.2.1　泵

本工艺用到泵主要有提升泵（调节池、水解酸化池）、CCBF 循环泵（CCBF 罐体之间）、污泥泵。

1）WQ 系列潜污泵操作规程

（1）使用前的检查。

仔细检查泵有无变形或损坏，紧固件是否松动或脱落；检查电缆线有无破损、折断，电缆线的入口密封是否完好，发现有异常处及时处理。

检查电机定子对机壳和相线之间的绝缘电阻值，用 500V 兆欧表测量，环境温度 5℃时应大于 50MΩ，30℃时应大于 10MΩ。

检查油室内是否有油。检查螺塞是否拧紧，确保不漏油。

检查泵是否可以灵活转动。可在安装之前拨动叶轮。泵入水前点动潜污泵，检查转向是否正确。

（2）试运行。

潜污泵安装完毕后，应马上清理现场，将不必要的东西移出场外。为了防止安装过程中可能对电源电缆、电气仪表、开关、起动设备等造成损坏，应仔细进行相关的检查和检测。如用 500V 兆欧表对电动机电缆的绝缘电阻进行测量。当确认一切正常无误后，方可进行试运转。其具体步骤为：

先将潜污泵出水阀关闭，但不要完全关紧，以便潜污泵启动后排出输水管中的空气，否则容易导致上升水柱对空气的压缩，从而产生机组振动。但是，对于低比转速潜污泵，阀门绝对不能全开启动，以避免电动机起动负荷过大而引起电源线路跳闸或烧坏电动机。

合闸后，潜污泵开始启动。当有液体从水管流出时，将阀门逐渐打开到需要的开度，使流量在潜污泵额定流量的 0.7～1.2 倍范围内。

观察仪表指示数值是否符合潜污泵铭牌所标示的电压和电流；注意潜污泵的噪声和振动是否正常。如存在任何不正常现象，应立即停机检查，找出原因，处理后方可继续运行。

新的潜污泵第一次试运转，在正常连续运行 4～6h 后应停机测量热态绝缘电阻，电阻值不得小于 0.5MΩ；同时应测量三相电流值是否平衡。任何一相与三相平均值的偏差不得大于 10%。试运转合格后方可投入正常运行。

对于向高处输水的潜污泵，特别是高处设有储水池或几台泵并联运行时，停机前应先将水泵出水阀关闭，防止输水管中的水因停机而倒流，产生水击或撞坏潜污泵出口的逆止阀。

（3）运行。

经常观测电源的电流和电压值。如果发现电源电压低于 360V，或电流高于电动机额定电流的 20% 以上，应立即停机查明原因，处理后方可继续投入运行。

定期检查电动机对地的热态绝缘电阻(每周1次),测量值不得低于0.5MΩ。

对所有保护装置、电气仪表和启动设备每月检查1次,观察其是否正常可靠。

定期观测水位的变化、水泵出水量的大小、机组的振动和噪声,出现不正常现象立即停机检查。

不能频繁启动,否则会引起电动机升温过高,影响使用寿命。

潜污泵长时间停机不用时,应提出水外,并经过检验、清洗、擦干净后,放在干燥通风的室内保管。

(4)警示。

潜污泵必须配置可靠的搭铁装置;

潜污泵运行时,人与动物不得进入水池中或触摸泵;

对潜污泵进行移动、修理前,应先切断电源;

潜污泵运行时不得随意拉扯电缆;

严禁将电缆线当起吊绳使用或撞击、乱拉电缆;

潜污泵不能在易燃、易爆的介质中使用,也不可输送可燃性液体。

6.2.2 空气压缩机

本工艺中空气压缩机主要是给CCBF池供气,或是应急状态下给生物转盘曝气,以保证微生物正常生长。放置于设备间内。

1)安装

搬运空气压缩机时要注意安全,要避免空气压缩机受到碰撞和冲击。

应安装于干净、通风、阴凉的位置,空气压缩机周围应留有足够的空间用于检查维修。

安放空气压缩机的地面应该平整牢固,以防止工作时移位。

检查放水阀是否关闭,压力控制开关是否处于“0”位置,排气口球阀是否处于关闭状态;检查电源电压是否正常。

将进气口堵头取下,将空气过滤器旋上。

将卡套式快插接头拧上空气压缩机排气口,再将输气管插入快插接头上,输气管另一头与外接设备相连接。

插上电源,打开开关,机器正常运转,则安装完成。

2)调试

将压力开关置于接通位置,打开电源开关,空气压缩机应立即启动,压力表指针随之缓缓上升。当压力表指示为0.8MPa时,压力控制开关应断开,自动切断电源,空气压缩机应立即停止工作;储气罐的压力为0.5MPa时,压力控制开关应自动闭合,空气压缩机又自动起动。周而复始,达到供气的目的。调试结束。

6.3 电气设备

6.3.1 安全用电规定

(1)各岗位人员负责管理本工作区域内的电器开关,其他人员不得擅自操作。

(2)下班前应对所有电器开关状况检查一遍,不使用的电器一律关闭。

(3)配电柜、电气控制柜、电气控制箱由专职电工负责,定期进行安检。

(4)非电工人员不得从配电柜、电气柜中接拉电源线。

(5)电工进行断闸检修时,应在开关处放置检修工作牌。

(6)在设备工作期间若连续跳闸2次,在没查明原因前不准再次强行合闸,应将情况报维修人员。

(7)电工要定期检查各类电气设备的绝缘状态。

(8)配电装置在运行中发生异常情况不能排除时,应立即停止运行,进行维修。

(9)隔离开关接触部分过热时,应断开断路器,切断电源。不允许断电时,则应降低负荷并加强监视。

(10)风机等设备的开、关必须现场操作,设备启动后观察至其稳定运行。

6.3.2 配电柜操作规程

1)停电操作

断开各分支空气断路器;

断开电源空气断路器;

拉开电源侧刀闸。

2)送电操作

检查设备有无遗漏工作,有无工辅具及材辅料遗留在设备上,并确保设备开关处于断开位置;

合上电源侧刀闸;

合上各分支空气断路器。

6.3.3 PLC(可编程控制器)操作规程

运行前确保连接的设备无异常。

依次接通主回路电源、各支路电源、控制回路电源。

远方控制室发出投运指令后,接通远程控制主令开关,备妥指示灯灭,远程信号绿色指示灯亮。

PLC 接到远程信号后,PLC 遵循已经设计好的程序自动投入或切除格栅、水泵、空气压缩机等。

当某电动机出现故障时,电动机的电源被自动切断,对应的保护报警蜂鸣器鸣笛报警,直至操作人员断开控制回路电源或主回路电源。

6.4 远程控制

污水处理自动化监控系统主要对污水处理站内部整个污水处理工艺流程进行监控,并对调节池、水解酸化池、生物转盘、二沉池、CCBF、清水池以及总变配电室等设备进行分散控制,集中管理。

远程控制分为多种权限,如操作人员权限、工艺工程师权限、电气工程师权限等,每种权限都有不同的编辑权。具体见远程控制操作说明。

6.5 手持仪表

处理站配备的便携式多参数水质分析仪,可通过连接不同探头进行 pH、溶解氧、总溶解性固体的测定。

使用方法:

将探头接头与分析仪后部接口连接,按下电源键,水质分析仪开机。

系统自动读数,数字稳定后即为测定值。

按下电源键,分析仪关机。卸下探头。

清洗擦干 DO 探头后,将其放入保护套。探头保护套内应保持湿润。

洗净擦干 pH 探头后,应将其浸没在饱和氯化钾溶液中。

洗净擦干 TDS 探头后存放在指定位置。

6.6 取样方法

1)取样点

日常取样只取格栅进水口进水水样和清水池出水口出水水样,作为每日的进出水水样。

当处理效果不好时,需要取每个池子的进出水口处的水样。

取样点要选在水下 1m 处。

2)取样频率

每天早上 9 点取样,频率 1 次。如果水质变差,应根据具体情况提高取样频率,实时测样,以检测水质变化情况，解决问题。

3）取样器具

取样器具为1L有机玻璃水样采集器。

4）样量

单个监测项目的采样体积应在50～500mL之间。供一般物理性质、化学性质分析用水样取2L即可。

5）取样方法

污水处理厂采集水样的基本要求是所取的水样应具有代表性。在取样时要注意定时间、定地点、定数量、定方法，同时应做好记录。

6）注意事项

取样时要根据取样计划小心采集水样，并使水样在进行分析以前不变质和不受到污染。

7）保存方法

冷藏或冷冻能有效抑制微生物的活动，减缓物理作用和化学反应速度。将水样保存在一定条件下，会显著提高水样中磷、氮、硅化合物以及生化需氧量等监测项目的稳定性，并且不会影响后续的分析、测定。COD、TN、TP、氨氮指标一般现取现测。如需送样，应在当日取样后送至检测部门。如果不能当天检测，可将水样放入冰箱中的4℃冷藏室保存。

加入保存药剂。在水样中加入合适的保存试剂，能够抑制微生物活动，减缓 氧化还原反应发生。药剂可以在采样后立即加入，也可在水样分样时，根据需要分瓶时分别加入。

过滤和离心分离。水样浑浊会影响分析结果。用适当孔径的滤器可以有效地除去藻类和细菌，使滤后的样品稳定性提高。一般而言，可用澄清、离心、过滤等措施分离水样中的悬浮物。

8）保存条件

不同水样允许的存放时间有所不同，与水样的性质、分析指标、溶液的酸度、保存容器和存放温度等多种因素有关。一般认为，水样的最大存放时间分别为：清洁水样72h，轻污染水样48h，重污染水样12h。

6.7 在线监控系统

在线监控系统可实现多个污水处理站的实时数据采集，并完成实时数据的汇总、分类、存储以及统计分析。能够实现数据与关系数据库的无缝转储，可为运营管理部门提供准确完整的真实数据支撑。调度中心工作人员可通过大屏幕随时了解现场工艺流程、设备运行状况、数据报表和趋势曲线，同时可结合视频系统及时了解故障及报警信息。信息化平台具备远程设备管理功能，可对远程设备运行进行监控，及时发现、排除故障，远程更新设备配置，共享、传输资料，安装部署应用软件等。

在线监控系统能够提供直观明了的显示界面，实现生产工艺图形化的实时监视、各种能耗实时显示。同时系统对污水处理最为关注的节能降耗问题进行针对性设计，采用多种科学手段进行最优化控制。如：进行泵站机组联编控制、优化调度，有效降低能耗，延长机组使用寿命；自动分析水质数据情况，计算合适的用药比例，节约用药成本；稳定控制曝气池溶解氧含量，降低曝气系统能耗等；完成多个污水处理站的数据统计、分析、处理，对各污水处理站完成设备管理、工艺分析、成本分析、绩效管理。

具体操作流程：打开电脑终端软件，输入用户名和密码，即可在线观察、了解各个污水处理站的实时情况，远程调控相关设备。

6.8 有限空间安全作业

按照先检测、后作业的原则，凡是要进入有限空间危险作业场所作业，必须根据实际情况事先测定作业场所中的氧气、有毒有害气体、可燃气体、粉尘的浓度，符合安全要求方可进入。在未准确测定以上浓度前，严禁进入该作业场所。

必须确保有限空间危险作业现场的空气质量。氧气含量应在 18% 以上、23.5% 以下。其有害有毒气体、可燃气体、粉尘容许浓度必须符合国家相关安全标准的要求。

在有限空间危险作业进行过程中，应加强通风换气。在氧气、有毒有害气体、可燃气体及粉尘的浓度可能发生变化的危险作业场所中，应保持必要的测定频率或连续检测。

作业时操作一切电气设备，必须符合有关用电安全技术操作规程。照明应使用安全矿灯或 36V 以下的安全灯。使用超过安全电压的手持电动工具，必须按规定配备漏电保护器。

作业场所可能存在有毒有害气体、可燃气体时，检测人员应同时使用有害气体检测仪、可燃气体测试仪等设备进行检测。

有可燃气体或可燃性粉尘存在的作业现场，所有的检测仪器、电动工具、照明灯具等，必须是符合《爆炸和火灾危险环境电力装置设计规范》要求的防爆型产品。

对由于防爆、防氧化要求而不能采用通风换气措施或受作业环境限制不易充分通风换气的场所，作业人员必须配备并使用空气呼吸器或软管面具等隔离式呼吸保护器具。

检测人员应佩戴隔离式呼吸器，严禁使用氧气呼吸器。

作业人员进入有限空间危险作业场所作业前和离开时，应准确清点人数。

进入有限空间危险作业场所作业，作业人员与监护人员应事先规定明确的联络信号。

如果作业场所的缺氧危险可能影响附近作业场所人员的安全时，应及时通知这些作业场所的有关人员。

严禁无关人员进入有限空间危险作业场所，并应在醒目处设置警示标志。

在有限空间危险作业场所，必须配备抢救器具，如：呼吸器具、梯子、绳缆以及其他必要的器具和设备，以便在非常情况下抢救作业人员。

在密闭容器内使用二氧化碳或氮气进行焊接作业时，必须在作业过程中通风换气，确保空气符合安全要求。

当作业人员在与输送管道连接的密闭设备（如油罐、反应塔、储罐、锅炉等）内部作业时，必须严密关闭输入阀门，装好盲板，并在醒目处设立禁止起动的标志。

当作业人员在密闭设备内作业时，一般打开出入口的门或盖，如果设备与正在抽气或已经处于负压的管路相通时，严禁关闭出入口的门或盖。

在地下进行压气作业时，应防止缺氧空气泄至作业场所，当与作业场所相通的设施中存在缺氧空气，应直接排除，防止缺氧空气进入作业场所。

7 管 理

污水处理站的运营维护部门隶属于北京市高速公路交通工程有限公司,污水处理站在基本制度、综合管理、人力资源、财务管理、安全管理、制度管理等方面应遵循北京市高速公路交通工程有限公司制度汇编中的规定,特别是在组织框架及责任制、安全方面。本制度以污水处理站的管理为主要管理对象,从日常生产、维护及管理方面进行阐述。

7.1 组织管理

7.1.1 人员组织管理

在污水站的人员组织管理中,一般分为三个层次:管理层、生产层和生产辅助层。设置运营主管、工艺工程师、设备保障工程师及运营人员等,生产辅助主要为人力资源、行政及财务等方面。图7-1为污水站组织框架图(不含生产辅助层)。

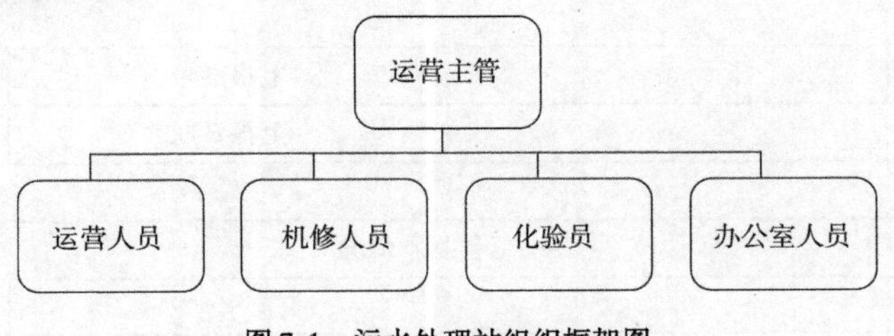

图7-1 污水处理站组织框架图

7.1.2 岗位职责

1)运营主管

负责质量、环境、安全体系的有效实施。

负责污水处理站的设备管理。落实好材料、设备、物资的采购、保管、使用。落实好污水处理站各项管理制度,及时组织力量维修设备,保证生产需要。

负责工艺管理。对全厂生产工艺调整进行确认及监督执行,提高污水处理达标率。

负责设备的技术更新和设备的备用配件管理。

负责公司的安全工作。定期组织安全教育,搞好安全检查,认真执行国家有关政策规定,坚持安全生产、文明生产。负责对生产运行中突发事件的预防和应急管理工作。

负责制订污水站处理站相关人员的培训计划,定期组织业务考核,提高业务技术素质,并负责相关人员内部上岗证的审核。

2)运营人员

负责日常对污水处理站工艺运行情况的巡视;对设备间及机电设备、电控系统运行情况进行巡视。

负责日常巡检记录及运行记录的登记工作,执行污水处理站日常巡查制度及汇报制度,配合化验人员按要求采集水样。

按照工艺人员的要求,对污水处理药剂进行配制,协助工艺人员进行药剂浓度的调整和加药位置的调整,并做好药剂使用量的登记工作。

听从运营主管和工艺工程师的领导,根据工艺要求及有关指令,按照操作规程操作各污水处理站设备,以保证工艺正常运行。

负责接受污水处理站对运营人员的上岗培训,并积极取得内部上岗证。

3）机电维修人员

负责按照机电设备的操作规程对污水处理站机械设备、电气设备的日常维护和修理工作；定期对其进行隐患排查，及时采取防范和整改措施，并做好相关记录。

负责根据污水处理站的使用情况及技术情况，确定检修和维修周期，制定设备检修工作程序，选择设备修理方式，负责编制设备的年度、季度、月度的检修计划及预防性试验计划，并组织实施。

负责收集、整理设备机械备件基础资料，编制各类备件表卡，制订外购计划和自制备件计划，确定备件储备原则、方式、品种、定额。

搜集、整理、统计、分析设备故障信息，掌握故障规律和设备技术状况，提高设备完好率。

机电维修人员须持有电工证，并定期接受培训。取得内部上岗许可后，方可进行维修工作。

4）化验人员

熟悉污水水质常规指标和测试方法、原理，熟悉实验室常规测试仪器的操作规程。

熟悉水样的取样流程及测试流程，掌握各项指标的化验方法，执行化验室规定；并能够准确高效地完成实验分析。

负责日常送样的登记和水质化验工作，及时完成水样的测试，并登记水质数据和汇总月报表（表 7-1），发现数据异常及时向运营人员核实，并上报主管领导。

月　报　表　　表 7-1

____________污水处理站月报表

项目名称			
项目编号		上报期号	
填报人		上报日期	
联系电话			
一、运营基本情况			
本月处理水量（m^3）		负荷率（%）	
最高日处理量（m^3/日）		污水处理站设计规模（m^3/日）	
本月用电量（kW·h）		本月直接成本（元/m^3）	
再生水利用量（m^3）			
二、正常运行情况			
正常运行天数		达标排放天数	
不达标原因			
超标项目			
三、污泥处置情况			
污泥外运量			
四、水质处理情况			
COD_{Cr}（mg/L）		BOD_5（mg/L）	
进水	出水	进水	出水
NH_4-N（mg/L）		SS（mg/L）	
进水	出水	进水	出水
TN（mg/L）		TP（mg/L）	
进水	出水	进水	出水
备注			

负责实验室的卫生和清洁管理，尤其对实验器皿要做彻底清洗。

负责实验室的药品、设备、物资的保管和使用，填写相关记录表。

负责污水处理药剂浓度的跟踪，并对每一批药剂进行抽检，保证污水处理药剂的质量符合生产要求。

负责实验室废液的收集，按照相关规定妥善处理废液。

定期接受相关的技术培训，且上岗前须取得内部上岗证。

5)办公室人员职责

根据公司年度总进度计划，负责各类计划编制，统计各类成本费用、合同管理和支付控制。

负责仓库及污水处理站固定资产的管理。对库存物资的数量、型号、批号、标识应记录清楚，摆放有序，做到账、物、卡相符，避免损坏、丢失。

定期对污水处理药剂、设备进行检查、核对，并建立台账；加强物资和器材的管理，认真检查出库领料单、进货、入库单，做到账、物符合。

负责监督污水处理站药剂仓库的卫生检查工作，并督促运营人员进行卫生清洁。

协助运营主管制订安全知识培训的工作计划，并对污水处理站内的仓库及药剂做好防火、防盗工作，确保仓库物资完好。

协助运营主管对污水处理站的日常资料及档案资料进行汇总，并做好档案管理和保密工作。

组织并参与制订本企业设备管理工作的方针、目标、规章制度、技术标准、定额及设备操作、维护规程，并组织贯彻实施。

7.2 生产运行管理

7.2.1 主体构筑物管理

在运营主管的领导下，以运营人员和机修人员为主，对主体构筑物进行检查、维修。

定期对构筑物池体进行检查，定期对池体进行清掏。清掏时应选用专业的清掏外运公司；每隔3~5年对池体内壁进行防水、防腐维护。主要涉及池体包括：化粪池、隔油池、调节池等。

池体清掏时，严格按照相应的安全操作规程进行清掏，避免因擅自清掏导致缺氧造成人员伤亡。

在检查和清掏池体后，应及时将盖板盖牢，避免安全事故。

相关人员应做好相关运行、检查、维修的原始记录。

7.2.2 机电设备管理

在运营主管的领导下，以运营和机修人员为主，对污水处理站的机械设备、电气设备进行检查、维修。

日常对机械设备和电气设备进行巡检并做好记录；定期对机电设备和电气设备进行维护；设备出现问题或异常情况进行维修；每年对设备进行大修；每5年对设备进行更换。

在设备使用、维护、维修中，使用专业检测、维护、维修工具，遵循相关的操作规程；维护和维修中涉及有限空间作业时，应遵循相关的审批和作业流程。

相关人员应做好运行原始记录、维修记录。

7.2.3 设备间管理制度

在运营主管的领导下，以运营人员和机修人员为主，对设备间进行检查、维护、维修。

运营人员应每周对设备间进行清扫，保持设备间的干净整洁；每天检查电控设备是否有漏电情况，如有漏电，及时联系机修人员进行修理；定期对设备间内的电路、给水管道进行维护，避免漏电、跑水。

运营人员不得擅自开、停鼓风机，需要开停机时，要与主管及机修人员联系，取得同意后方可操作。

运营人员应每天对鼓风机进行巡检，确保鼓风机正常运行。

设备间内有电控设备，运行人员应每天对电控柜进行观察，设备出现故障或运行异常时，应及时联系机修人员，并上报运营主管；维修时必须按照操作规程进行。

外来人员不得擅自进入设备间，运行人员亦无权擅自带领非上级安排的来访人员进入设备间。

设备间内设备出现异常情况或非正常操作时，运营人员须向上级领导汇报，并联系维修人员，按照操作规程进行维修。

7.2.4　污泥处置管理

在运营主管的领导下，以运营人员为主，对污泥系统进行检查、维修。

贮泥池中的污泥由专业的污泥处理机构外运处置。清理贮泥池时应遵循有限空间安全作业要求。

7.2.5　中水回用管理

清水池中设置有中水回用泵，泵连接回用管道。当绿化需要用水时，按操作规程开启回用泵。

当中水超出回用量时，可用于场外绿化浇灌，道路冲洗。外部车辆进入厂区装水时，应注意装水后地面卫生。

当污水处理站出水禁止外排时，采用污水外运的方式对出水进行处理。

运营人员应对中水回用泵开启和绿化用水做好相应的记录，对中水外运量做好相关的记录、统计。

7.2.6　构筑物、罐体放空管理

在污水处理站检修、维护过程中，经常需要将构筑物放空。为保证放空时站内污水管及时排水，构筑物不出现开裂、上浮、垮塌等问题，特制定此放空管理办法。

1）放空管理

进行构筑物池体放空检修、维护前，须由维修人员拟定详细的构筑物放空检修维护方案，经运营主管审核批准后，方可进行放空操作。

应视情况向上级领导提交《构筑物放空申请》、维修方案等；确保污水排放正常，避免管道井向地面溢流。

在某构筑物池子需要放空时，执行人员要现场了解污水处理站管路是否具有最大排污能力，是否有管道堵塞情况，只有在管路畅通时方可放空。

对任何池子的放空操作，应逐步开启阀门，切忌一步到位，以免短时间内因泥、砂大量涌入造成管线堵塞。

对任何放空池子操作，要求操作人员在开始放空时要在现场观察一段时间，确认管道畅通方可离去；如遇管井冒水、冒泥，应立即停止放空；必须放空时要在清通管道后再进行操作。

泥区放空时在注意管路畅通、管井冒水的同时，还应由分厂对放空污水井周边地区进行毒气检测，同时做好相应警示标志，以保证泥区安全稳定生产。

2）池体抗浮

池体放空检修前应制订检修计划，尽量避开雨季并缩短维修周期。

若地下水水位高于设计水位，则必须在放空前，采取降低四周地下水水位的措施。放空时要求对池体进行上浮观测，上浮观测方法见下文。放空过程中及放空后，要定期巡检，及时发现池壁和管道出现的变形、裂缝、错口、脱节等情况。对并联池体尤其是共壁池体放空时，若单独放空一组池子，应控制放空阀门开启到1/3左右，不得全部打开。

3）上浮观测方法

水池上浮测量采用相对高程测量，测量参照基准点及测量点要求稳定可靠。单池测量点不少于4个，有伸缩缝的不少于8个（圆形池均布，矩形池设在角点）。池体高程测量的读数精度应达到0.1mm；高程测量采用连续测量，测量周期不大于8h。

水池放空至设计最低水位后，须每天定时进行1次上浮量测量；

若放空周期较长，构筑物池体放空后，必须配备专职观察人员对水池连续观察，观察间隔时间不大于2h。如出现以下任何一种情况，应立即停止放空：

水池上浮量超过设计值；

水池不均匀上浮量超过设计值；

池体任何部位出现裂缝。

4)池体重新注水

注水前,检查池体有无开裂、变形、不均匀上浮等情况发生,如存在以上问题,应及时报政府相关部门和公司,采取有效措施进行处理。

构筑物注水分须3次进行,每次注入设计水深的1/3,相邻两次注水时间间隔不少于6h。注水过程中若出现池体开裂或不均匀沉降等问题,应立即停止注水并上报项目公司领导及集团运营部。若原水水温高于构筑物温度,且温差超过10℃,则注水过程中须监测构筑物温度变化,避免温升过大,出现温度裂缝。

7.3 汇报制度

7.3.1 目的

为了促进各部门间的沟通与合作,提高各部门执行工作的效率,发现当前存在的问题,提高各项工作的周密性与计划性,以保障生产的有序、高效进行,特制定本制度。

7.3.2 汇报时间(运营主管可根据实际情况进行调整)

晨会:工作日上班后10~15min,具体形式由运营主管决定。

周例会:每周五下午或周一上午。

月度会:每个月最后5日内。

7.3.3 参会人员

晨会:运营主管、机修人员、运维管理人员。

周例会:运营主管、机修人员、运维管理人员、化验室人员、办公室人员。

月度会:运维主管、机修人员、运维管理人员、化验室人员、办公室人员。

7.3.4 程序及内容

1)晨会

由运营主管主持;

各工种人员向主管汇报前一日的工作运行、水质情况,尤其是异常情况和设备故障等;

主管对异常情况和故障等的排查与维修给出相应的指导意见;

在水质有异常的日期,强调加强水质的跟踪。

2)周例会

由运营主管主持;

化验人员汇报上周化验及工艺运行情况,确定下周工艺调控方案;

机修人员汇报上周设备管理情况,确定下周工作计划;

运维人员汇报上周运行情况,确定下周工作计划;

对完成有难度的工作进行集体研究讨论,确定解决办法;

运营主管总结上周工作,并布置下周工作。

3)月度会

由运营主管主持;

运营主管传达公司的各项指示和要求,并对上月度污水处理站工作情况进行概括分析;

听取运行、维修、化验等岗位管理人员对上月所属工作和下月工作计划的汇报,明确工作重点,落实生产运行、成本控制、安全管理、提高客户满意度等工作安排;

对工作中存在的问题、难题进行集体讨论,确定解决方案;

结合以上各种情况,由运营主管确定下月工作目标,并进行整体工作布置和协调。

7.3.5 会议组织和跟进

会前要明确议题,参会人员做好参会准备工作;

会议要讲效率，主持人控制好人员的发言时间和议题节奏；

会议要重实效，会议决议或工作讨论结果必须要明确责任人、完成时间、工作目标、工作任务、形象进度，由责任人承担落实责任；

各种例会由指定人员做会议记录，以会议记录为依据，对会议决议进行跟进与落实；

对会议记录（周报、月报等）按照相关要求进行汇总。

7.4　实验室管理制度

7.4.1　日常管理

保持实验室桌面及地面的清洁，及时清理垃圾，适当处理废弃物品。

实验设备有序摆放，实验药品入柜，危险品必须带锁保管。

实验人员操作时应着白大褂或工作服，夏天不得穿短裤、凉鞋做实验。

实验过程均对外保密，外来人员须经化验室分析人员同意后方可进入化验室。

实验人员负责做好每日卫生检查记录，运营主管定期审查。

化验室内禁止吸烟、吃零食，不准放置与实验无关的杂物，不得进行与实验无关的活动。

7.4.2　仪器、药品管理

1）仪器设备管理

（1）购置和报废。

根据实验室设备的情况，由化验室分析人员向主管人员提交相应的采购和报废申请；仪器使用说明书按照文件控制管理进行保存；配件及软件存放在各污水处理站的资料柜中。报废仪器设备时，由化验室分析人员协助主管人员按相关手续完成报废程序。

（2）使用和维护。

实验人员负责仪器设备的日常维护、操作规程的培训及考核。仪器负责人应熟悉仪器性能、操作方法、注意事项等，做到技术档案资料齐全和完整。

在日常使用过程中应注意仪器、设备的运行状态。使用仪器后应及时清理维护；定期进行仪器的日常维护，包括配件清洗更换、仪器的除灰除湿等。重要仪器设备使用后应在记录本上登记，记录使用时间和仪器状况。

实验室仪器应每年进行 1 次年检校验。

（3）修理。

仪器设备实行故障报告制度。仪器使用过程中出现不正常的声音或动作时，化验室分析人员应立即停机检查。在仪器设备发生故障时，仪器使用人应立即报告主管人员，联系维修人员，并写出故障报告。各仪器的故障、修理及解决过程均须记录备案。

2）药品管理

药品购买：实验人员在月末统计当月药品使用量和余量，申报下月的采购量，并在运营平台中做好相关记录（表 7-2）。库存不够时，实验人员提出购买申请，由主管统一安排购买。强酸等药品购买按相关规定执行。

药品登记表　　表 7-2

＿＿＿＿＿＿污水处理站药品登记表

购买记录			使用记录				库存余量	保管人签字	备注
日期	数量	等级	日期	数量	领用人	使用地点			

续上表

购买记录			使用记录				库存余量	保管人签字	备注
日期	数量	等级	日期	数量	领用人	使用地点			

危险化学品：危险化学品要有台账记录，每次使用之后一定要登记，登记内容包括使用量、使用人、使用日期、库存余量等信息。不能大批量购置危险化学品，每次购买 1～2 个月的使用量。

废液管理：对于强酸强碱剧毒类废液，应集中收集在一个废液桶中。废液桶要做好密封。每隔 1～2 个月进行 1 次报废。

建档：常规化学药品购入后，由实验室人员领用。化验室做好库存建档记录。

使用和维护：化验室分析人员定期检查常规药品库存量。

报废：报废化学药品由主管批准后，按相关手续完成报废程序。

3）样品管理

采集的检测样品要做好标识，标识包括：采集时间、采样地点、编号等基本信息。若检查样品有异常，实验人员应在“样品登记表”中如实记录。

在分析过程中由化验室分析人员及时做好分样、移样的样品标识，并根据样品测试状态在样品测试状态框中做相应的标记。

实验人员应对水样做约 2d 的留存，对水样数据无异议后，方可处理水样。

4）样品保存

水样变化快、时效性强，采取加入化学试剂或低温等方法保存。

污泥样品放入冰箱冷藏，并根据需要保留。

化验室技术人员将冰箱、冰柜合理划分区城，并负责保持冰柜和冰箱的清洁。化验室分析人员应及时清理冰箱内废弃的样品和材料，每季度集中清理冰柜和冰箱，主管人员负责监督。

5）数据管理

实验人员实验完成后对实验数据进行总结、审核，并填写报表。实验人员下班前将实验数据报给运营主管，主管审核后签字，填写至月报表中。

实验结果均应保密，除公司内部共享分析数据和向相关环境保护行政主管部门汇报外，不得将结果擅自公布或转交厂外人员。

实验室内与仪器联机的计算机设开机密码，密码由实验室人员掌握并经常更换，不得外泄。

实验人员不得私自对实验日报表和月报表进行修改，一旦需要修改应向主管领导申请。

化验室分析人员负责原始记录的收集与保存，须将技术处理后的记录及报表与未经技术处理的记录及报表严格地分开存放，并做相关识别标识。

实验室人员做好资料和档案的管理工作，记录报表与仪器、设备等相关文件分开存放。

7.5　安全管理制度

7.5.1　污水处理站安全管理要求

(1)未经允许，外人与无关人员不得进入工作区内。禁止非本班值班人员操作机电设备，拒绝接受除调度和有关领导外的任何其他人员的指示与命令。

(2)不允许酒后上班，不允许精神不振或体力不支的人员上班。值班人员不可擅自离开工作岗位。交接班人员填写好交接班记录表(表 7-3)。

交接班记录表　　表 7-3

____________污水处理站交接班记录表

<table>
<tr><td colspan="2">日期：</td><td>班次：</td></tr>
<tr><td>空气压缩机运行情况</td><td>回流泵运行情况</td><td>提升泵运行情况</td></tr>
<tr><td></td><td></td><td></td></tr>
<tr><td colspan="3">清洁卫生：</td></tr>
<tr><td colspan="3">工具情况：</td></tr>
<tr><td colspan="3">异常情况及操作：</td></tr>
<tr><td colspan="3">其他事项：</td></tr>
<tr><td colspan="2">交班人：</td><td>接班人：</td></tr>
</table>

批准人/日期：

(3)值班人员要衣冠整齐，要穿戴必要的劳保用品。禁止赤膊、赤脚、穿拖鞋、披散衣服。女性员工要将发辫盘在帽内，防止被机器轧住。

(4)在高压设备和电线附近不许悬挂或存放物品，不许在电动机和出风口烘烤衣服或其他物品。

(5)必须严格按照设备使用说明和操作规程启动、停止各设备，启动设备前要瞭望机电设备周围及其附属设备周围，确认无人后方可启动。

(6)操作高压电气设备时，送、停电必须按照有关安全技术规程执行。

(7)在设备运行过程中打扫设备及其附近的卫生时要特别注意安全。严禁擦抹正在转动的部位，不得用水冲洗电缆头等带电部分。

(8)电动机吸风口、联轴器、电缆头必须设置防护罩，并使其处于良好状态。

(9)值班工人必须按规定定时检查设备运转状况，要随时检查设备润滑情况，保证冷却和密封水畅通无阻。

(10)经常检查压力表、电压表、电流表等仪表指示变化情况，指针要在正常指示位置。设备运转中声音应正常，无异常振动及杂音。

(11)突然停电或设备发生故障时，应立即切断电源，停止设备运转，并报告有关领导。

(12)维修设备时,值班人员应了解清楚检修范围,主动配合维修人员工作。设备应验明无电后才可维修。任何设备禁止带电检修。

(13)值班工人必须提高警惕,做好防火、防洪、防盗、防止人身触电的"四防"工作。

(14)设备正在运转时,不准人员跨越、物品传递或触动危险部位,各种机具不准超限使用。

(15)设备间、鼓风机房、化验室、仓库、控制室、资料室、档案室等,非专业和工作人员禁止入内。严禁烟火,以免发生事故。

(16)专用设备(机械、电气设备、泵、闸阀)非专职人员未经许可不得操作。

(17)检查修理机械、电气设备时,必须设置安全标示或警示牌,并设专人监护。停电作业警示牌的挂取应为同一人,非工作人员严禁进行相关的操作和作业。挂有警示牌的地方无关人员严禁靠近。

(18)进入有限空间必须按照《有限空间作业规程》要求进行作业。

(19)高空作业必须符合高空作业的操作规程,不得违章作业。

(20)污水处理站内行驶的一切机动车辆必须减速,不准超过15km/h。

(21)非电工和操作人员不得检修或操作电气装置,移动机电设备必须先切断电源。

(22)起动吊绳、吊具必须符合安全要求,并按规定正确使用。

(23)机器设备运转时,严禁用手触摸运转部位或采用接触法打扫清洁卫生。

(24)物件堆放要码放整齐、稳妥,高度一般不得超过2m。

(25)禁止任意拆除、搬动、涂改安全生产宣传标语,指示牌。

以上内容是安全生产的基本要求和准则,相关专业或行业的人员还必须遵守其专业或行业对安全的特殊规定。

7.5.2　站内安全教育制度

1)教育内容

宣传贯彻及学习《中华人民共和国安全生产法》《中华人民共和国消防法》及相关法律法规。贯彻学习上级关于安全生产、治安、消防的文件及规章制度。

组织开展上级部署的安全生产、治安、消防专项活动。

组织各部门岗位员工学习安全生产操作规程、安全生产防范措施和事故应急处理措施,分析作业场所和工作岗位可能存在的新的危险因素,提出解决方案。

对新调入人员和调整岗位人员,必须进行与当前岗位相适应的安全生产教育,考核合格后方能上岗。

2)教育方式

召开安全生产、治安、消防工作专题会议。

开展设计板报、张贴横幅标语、发放资料、安排组织专题讲座、开展知识竞赛等活动,进行广泛的安全宣传教育。

3)教育落实

每月召开1次安全生产工作会,总结当月安全生产目标的完成情况,提出下月安全生产工作重点和落实的具体措施。

每半年组织1次全污水处理站职工的安全生产工作会。

定期开展污水处理站安全生产工作会、学习会,必须做原始记录,所有到会人员必须签到。

每月组织1次总结会,总结当月安全生产情况,分析有无违章作业行为,分析各岗位的设备、设施是否存在安全隐患,提出整改的具体建议,及时整改。

每周召开1次安全生产小结会,小结本周完成工作任务情况,分析各岗位是否存在安全隐患,并以书面形式上报运营主管。所有到会人员必须本人签字。

7.5.3　主要部门安全工作职责

1)办公室安全生产(工作)职责

负责全污水处理站的劳动保护工作。宣传国家有关劳动安全的方针、政策和劳动保护法规,负责制定污水处理站内有关劳动保护的规章制度,做好检查、监督工作。

牵头组织全污水处理站职工和新员工的安全生产教育，对职工技术考核（或培训），必须把安全技术知识同时列入考核（或培训）内容。

根据上级规定，制订全污水处理站劳保用品的发放办法，并制订劳保用品的使用计划，做好劳保用品的购置、发放工作，以及做好夏季防暑降温、冬季防寒防冻等工作。

认真做好各类物资材料的分类管理，特别是对易燃易爆、有毒有害物品，要有专人严格管理，并建立健全此类物品的保管、领用制度。

材料摆放必须符合安全要求，不得乱堆乱放妨碍生产工作。

库房保管应有防火设施，易燃易爆、危险物品应有警示标志，相关人员应定期检查，发现问题及时向有关部门反映。

行使对安全生产工作的监督职能，检查指导业务部门做好安全生产，预防事故发生。利用多种形式开展安全生产知识的宣传活动。

认真做好部门人员安全生产教育工作，做好日常安全生产隐患的检查及整改措施的落实。

认真做好生产班组人员的安全生产教育工作，指导班组做好日常安全生产隐患的排查及整改措施的落实。

做好绿化工作中的安全管理工作。

在组织参观人员站内活动时，要落实好安全防范措施，畅通安全通道，保证人身安全。

2）维修班安全生产职责

建立健全车间、班组各项安全规章制度，做到安全责任落实到人。

严格按照安全操作规程进行机械操作、加工维修、安装作业。

加强车间、班组职工的安全生产教育，不断提高职工的防范意识。

在有危险的场所进行维修、安装作业时，应严格履行审批手续，落实好防范措施，保障安全生产。认真执行有限空间作业安全管理规定，正确使用防护用品，预防中毒和缺氧事故的发生。

对厂区、生活区的防雷、防静电搭铁装置每年进行 1 次定期检测、维修，确保防雷设施随时处于良好使用状态。

认真做好部门（班组）人员安全生产教育工作，指导班组（负责人）做好日常安全生产隐患的检查及整改措施的落实。

3）化验室安全生产职责

严格执行特殊工种的行业安全法规，遵守危险化学品的专项管理规定，确保危险化学品的储存、使用安全。

化验药品要妥善保管、储存，保管室要安全可靠，并有明显标志，发现异常情况及时报告有关部门处理。加强对危险剧毒药品的管理，防止流失和中毒事件发生。

认真执行上池作业的安全管理规定，正确使用防护用品，预防溺水事故的发生。

认真做好部门人员安全生产教育工作，指导班组（负责人）做好日常安全生产隐患的检查及整改措施的落实。

7.5.4　安全工作职责

运营主管应负责编制污水处理站安全生产、安全教育、安全检查的方案，并报给安全保卫部进行审核，按照要求整改后执行。

安全检查的形式分为日常检查、综合检查、专项检查、季节性检查等。安全专职部门应经常对污水处理站各部位进行安全巡查，每周不得少于 1 次，了解一线的安全生产状况，及时发现生产中的安全隐患，并按程序进行整改。

安全专职部门每季度组织 1 次安全生产大检查和 1 次治安、消防大检查。

每月底各部门生产安全大检查后，由主管领导负责组织召开安全生产情况通报会，对查出的安全隐患作出处理意见，由相关部门协同整改。

办公室应经常对污水处理站内临时施工单位生产安全措施的落实情况进行检查，发现违章及时予以制止,提出处罚建议,报主管领导批示并督促整改。

特种设备由办公室定时联系相关部门检查、检测。

办公室负责建立全污水处理站特种设备安全技术档案,并负责对特种设备的检查、维护记录。办公室定期或不定期进行相关督察。

根据《中华人民共和国气象法》和《防雷减灾管理办法》,由生产部做好污水处理站防雷设施的年度检测工作。

7.5.5　安全检查制度

安全检查分为日常检查、综合检查、专项检查、季节性检查等。

日常检查由运营人员负责;每周安全检查由运营主管负责;专项安全检查是针对特定施工作业及专项设备、设施进行的安全检查,由运营主管及主管副总负责;季节性检查是根据特定时期安全管理工作重点进行的安全检查,如汛期、冬季防火、重点时期、节假日等的安全检查,由运营主管负责。

安全检查的主要内容包括查意识、查制度、查隐患、查整改落实、查岗位职责。检查安全隐患内容参照危险源辨识清单。安全检查的重点是配电室、物资仓库、实验室及其他禁火区域和用火部位。

安全检查过程中要填写检查记录单,写明检查情况,由相关负责人签字确认,以备留档查看。

检查过程中发现不能及时整改的安全隐患,由安全保卫部负责进行登记挂账,并下发隐患整改通知单,后附隐患照片。

各项目部专职安全员定期或不定期对施工过程进行安全检查,各项目部指定专人对危险作业进行现场管理,严格执行巡回检查制度,严禁无关人员进入作业区域。

7.6　应急管理制度

为积极应对突发的暴雨、洪水等自然灾害,以及法定节假日水质、水量较大的波动,保障污水处理站的正常稳定运行,特制定本管理规定。

7.6.1　适用范围

本规定主要适用于由于突发性暴雨、洪水等特殊天气和法定节假日水质、水量发生较大变化的情况,规定了在此情况下所应采取的预防措施和应急处置方案。

7.6.2　组织及职责

组织并成立污水处理站防汛领导小组。该小组由项目主管领导任组长,成员包括运行主管、维修主管、运行班组长、行政主管等。

组长负责应急工作的组织和指挥,协调站内及管网的统一调度,及时向集团运营部及当地主管政府部门汇报情况,在必要的情况下发出救援请求。

小组其他成员负责生产应急预案的制定、审查和修订;运行主管负责防范措施的检查、汛期和假期的工艺调度;维修主管负责设备、设施的检查、突发性维修和实施中的安全监督;运行班组长负责对设施、设备运行状态的监视和控制;行政主管负责汛期的后勤保障。

领导小组负责组织对相关人员进行《预案》的演练和实施,检查落实事故的预防措施和应急救援的各项准备工作,安排受损设施抢修,恢复生产。

7.6.3　内容

在领导小组的领导下,各部门要充分做好防汛准备工作,做到早抓、早检查、早落实,把好汛前检查关,消灭防汛“死角”,切忌走过场。

各部门要及时准备好防汛必备物资,并准备好厂区防护措施。一旦发生危险汛情要保证能立即对设备进行可靠防护,避免设备受损。

在主汛期、大暴雨过程中必须坚持24h值班制度,加强对厂区防汛工作的巡视、检查,及时处理有关安全隐患及突发事件。

在汛期应加强与所在地水利、气象和政府相关部门有关方面的联系，确保通讯畅通，能及时、准确了解和传递有关的气象、汛情预报资料，以及时组织防汛抢险工作。

各部门员工必须无条件服从防汛领导小组统一指挥，及时开展防汛应急救援工作。

发生突发环境应急事件或安全生产事故后，值班负责人要准确判断事故性质，并及时上报防汛领导小组，领导小组应立即组织相关人员根据实际情况制定具体防汛抢险方案。

7.7　突发事故应急操作

污水处理站突发事故可分为以下几类：

(1)突发性排放一般污染物的事故；

(2)突发性排放一类污染物和其他能够造成人与动植物急性中毒损害的污染物，数量少、范围小、易于处理的事故；

(3)突发性排放一类污染物和其他能够造成人与动植物急性中毒损害的污染物，数量较多，范围较大，危害严重的事故；

(4)对生态环境造成严重破坏以及造成公私财产重大损失或人员伤亡，直接影响社会安定的污染事故；

(5)对周边行政区域环境造成较大影响的一般污染事故和较大污染事故。

在事故发生后，运营人员应马上向上级汇报，同时现场操作，遵循以下原则：

(1)控制污染源，尽快停止污染物的继续排放；

(2)尽可能控制和缩小已排放污染物的扩散、辐射、蔓延的范围，把事件危害降到最低程度；

(3)采取一切有效措施，避免人员伤亡，确保人民群众生命安全；

(4)应急处理要立足于彻底消除污染危害，避免遗留后患。

事故处理领导小组办公室在接到污染事故报告后，应立即向运营主管报告，听候指令。

根据指令，领导小组办公室须立即采取措施，通过电话或直接安排先遣人员赶赴现场，对事故发生基本情况进行初步核实后，向领导小组汇报。

根据初步核实的情况，属于一般污染事故的，领导小组办公室按照指令组织应急处理工作，运营主管须赴现场指挥应急处理工作；属于重特大污染事故的，公司领导、运营主管应及时赶到现场，指挥应急处理工作。

根据领导小组领导指令和应急需要，领导小组办公室应当立即协调组织方案实施组和监测组，携带应急物品和监测仪器赶赴现场，必要时由方案实施组组织有关专家现场协助应急处理工作。

7.8　档 案 管 理

为了污水处理站更好地管理运行，应对建站以后的重要文档进行归纳整理。

1)档案种类

(1)建设项目环境管理档案。内容包括：所有建设项目清单、建设项目环境影响评价报告书(表)、环保部门环评审批文件、项目试生产批复文件、项目竣工环境保护验收资料等。

(2)污染物排放档案。内容包括：最近6个月处理站每天人工化验的污水、污泥等污染物排放浓度数据，以及自动监测主要污染物排放浓度小时均值数据；环境风险源单位最近6个月每天对特征污染物的监测数据。

(3)污染防治设施运行管理档案。内容包括：污染防治设施位置图，污染防治设施建设和处理能力等情况简介，污水管网线路图，排放口分布图；最近6个月治污设施检修停运申请报告、环保部门批复文件；最近6个月每天污染防治设施的运行记录、治污辅助药剂购买单据复印件及使用台账。此外，排污单位要在厂区醒目处设置污染源分布图、污染物处理流程图和企业环境管理责任体系图。

(4)固体废弃物处置档案。内容包括:最近6个月每天固体废弃物的产生量和处置量,以及固体废弃物储存、处置和利用设施的运行管理情况;固体废物转移五联单;污泥中重金属含量化验分析报告。

(5)环境应急管理档案。内容包括:环境应急预案,应急处置设施日常维护运行情况,环境应急预案演练记录。

2)编制原则

要本着"规范、真实、全面、细致"的原则,按照要求建立环境管理档案。要明确企业分管负责人和档案管理员,层层审核把关,确保相关数据真实可靠。环境管理档案应分类装订,资料台账应完善整齐,并实行动态管理,按月进行更新。环境管理档案要有固定场所存放,确保执法人员随时调阅检查。

8　污水处理站平面布置图

本部分列举采用 RBC＋CCBF 工艺的污水处理站的平面布置图，如图 8-1～图 8-4 所示。

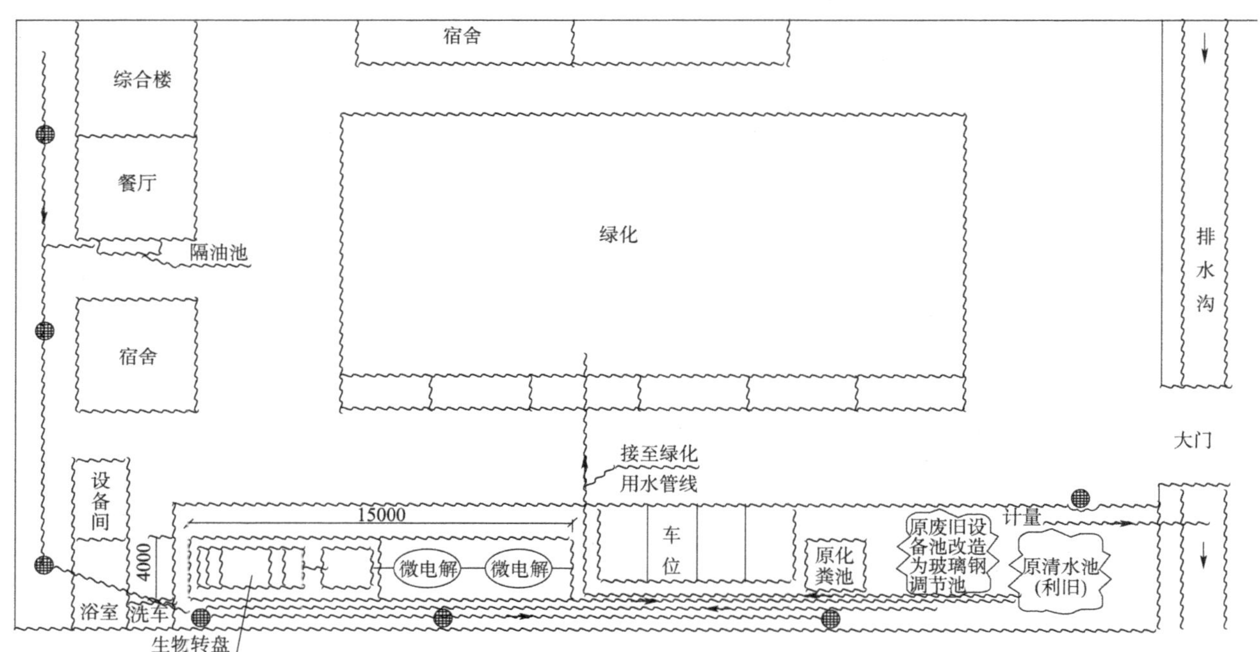

图 8-1　机场南线污水处理站平面布置图

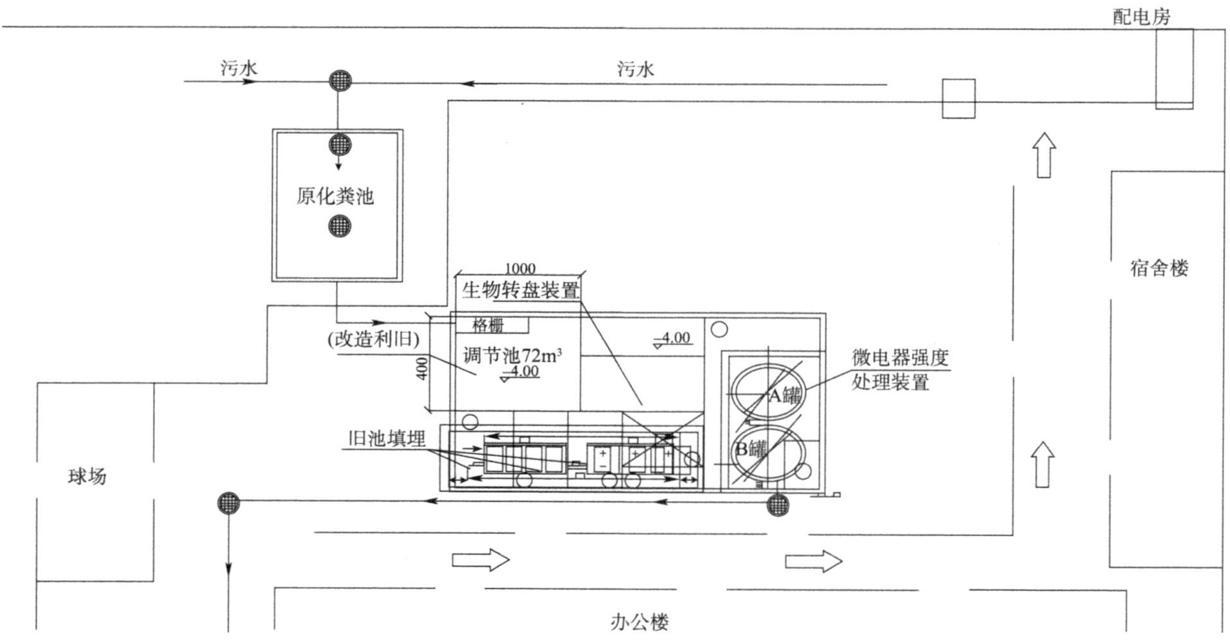

图 8-2　太师屯污水处理站平面布置图

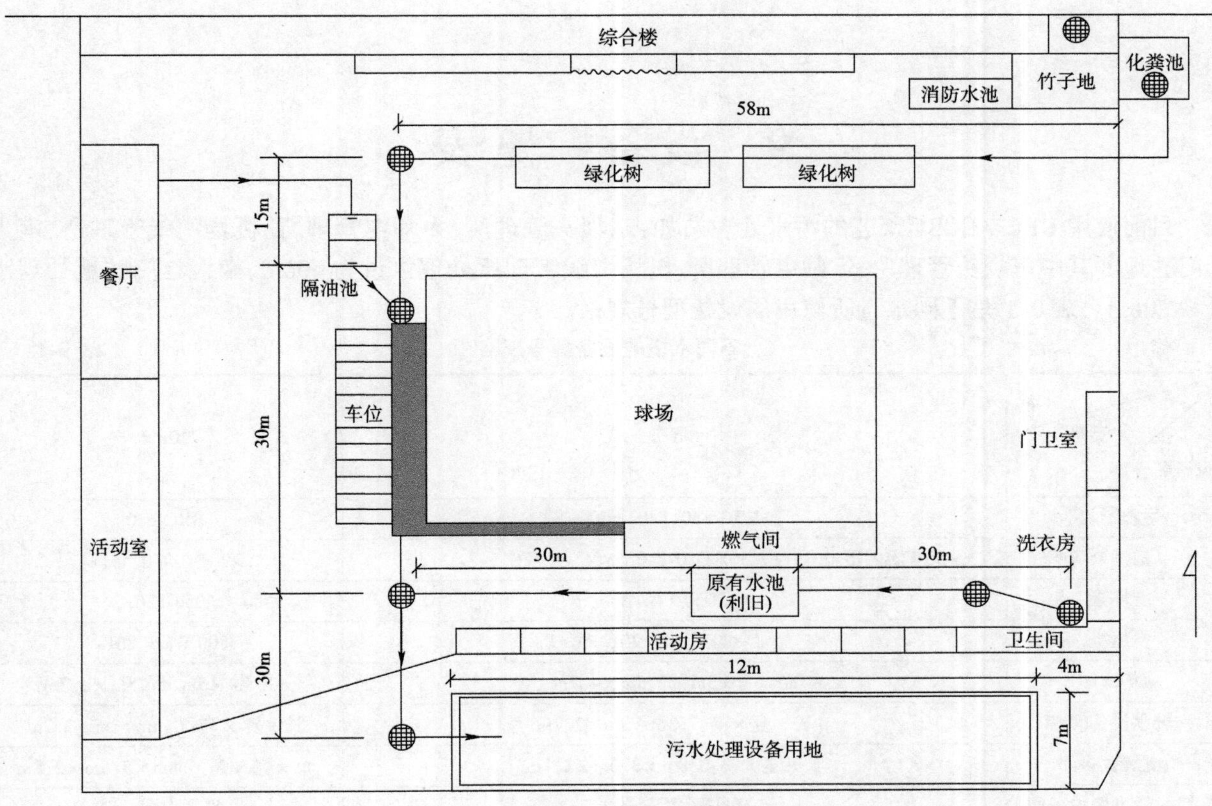

图 8-3　东坝头污水处理站平面布置图

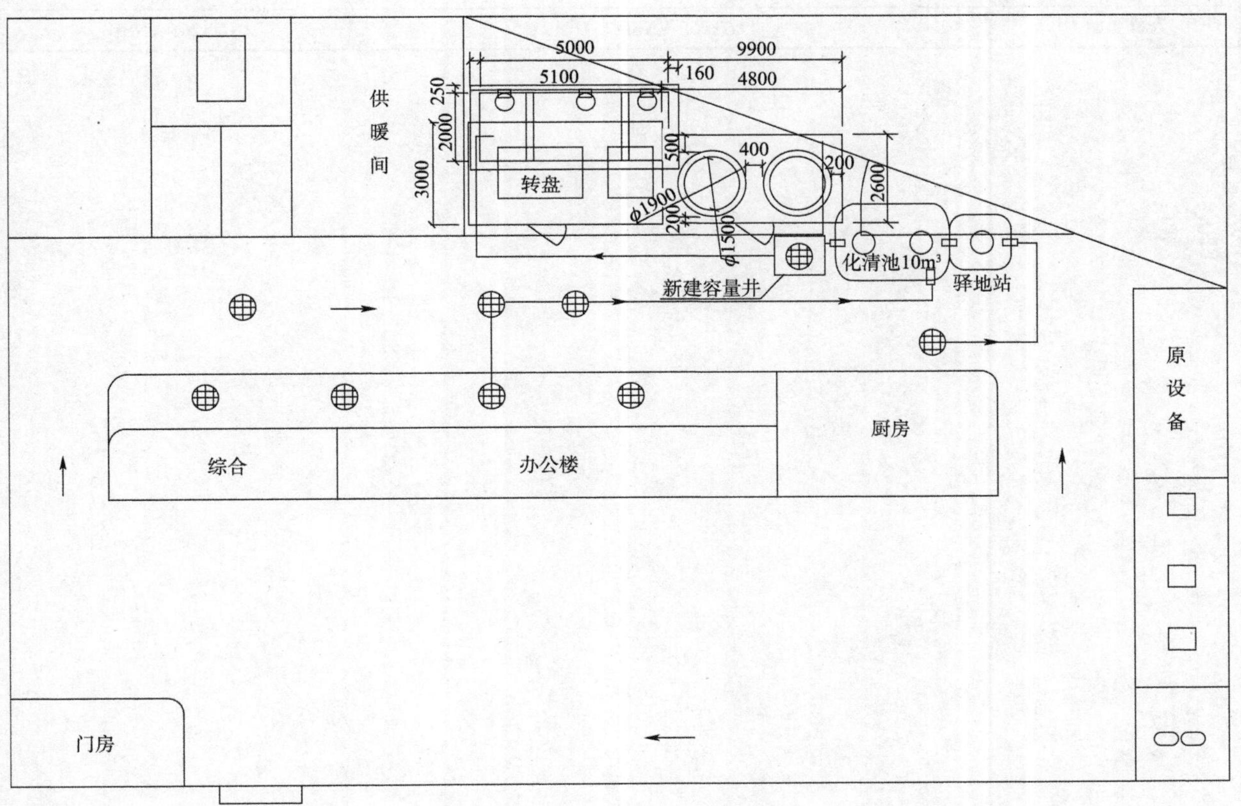

图 8-4　南大红门污水处理站平面布置图

9　设备一览表

目前使用 RBC + CCBF 工艺的污水处理站如：东坝头管理所、太师屯管理所、机场南线管理所、南大红门驻地。其中东坝头管理所、太师屯管理所、机场南线管理所处理水量为 60t/d，南大红门驻地处理水量为 20t/d。表 9-1 是不同水量所使用的设备型号规格。

不同水量的设备型号规格　　表 9-1

设备名称 \ 型号 \ 水量	60t/d	20t/d
生物转盘	RBC-E50、RBC-E60	RBC-E20
潜污泵	50WQ12-10-0.75(I)、50WQ10-7-0.55(I)、50WQ15-27-3(I)	50WQ10-7-0.55(I)
循环泵	TD50-12G/2	TD50-12G/2
空压机	800W × 4，120L	800W × 3，80L
填料罐体	ϕ2.5m × 5m、ϕ2.5m × 4.7m	ϕ1.5m × 5m、ϕ1.5m × 4.7m
转盘设备间	长 × 宽 × 高：7.3m × 3m × 2.7m	长 × 宽 × 高：7.3m × 3m × 2.7m
微电解设备间	长 × 宽 × 高：6.8m × 3.6m × 2.7m	长 × 宽 × 高：6.8m × 3.6m × 2.5m
转盘 + 微电解设备间	长、宽见平面图，高 2.7m	长、宽见平面图，高 2.7m
弹性材料	ϕ150，L = 2.5m	ϕ150，L = 2.5m
PLC	FX3u-64MR/ES-A	FX3u-64MR/ES-A
人机界面	GT1265-VNBD	GT1265-VNBD

附录　水质指标分析方法

一、氨氮测量方法——HJ 535—2009

水质　氨氮的测定　纳氏试剂分光光度法（HJ 535—2009）

警告：二氯化汞（$HgCl_2$）和碘化汞（HgI_2）为剧毒物质，避免经皮肤和口腔接触。

1　适用范围

本标准规定了测定水中氨氮的纳氏试剂分光光度法。

本标准适用于地表水、地下水、生活污水和工业废水中氨氮的测定。

当水样体积为50mL，使用20mm比色皿时，本方法的检出限为0.025mg/L，测定下限为0.10mg/L，测定上限为2.0mg/L（均以N计）。

2　方法原理

以游离态的氨或铵离子等形式存在的氨氮与纳氏试剂反应生成淡红棕色络合物，该络合物的吸光度与氨氮含量成正比，于波长420nm处测量吸光度。

3　干扰及消除

水样中含有悬浮物、余氯、钙镁等金属离子、硫化物和有机物时会产生干扰，含有此类物质时要作适当处理，以消除对测定的影响。

若样品中存在余氯，可加入适量的硫代硫酸钠溶液去除，用淀粉-碘化钾试纸检验余氯是否除尽。在显色时加入适量的酒石酸钾钠溶液，可消除钙镁等金属离子的干扰。若水样浑浊或有颜色时可用预蒸馏法或絮凝沉淀法处理。

4　试剂和材料

除非另有说明，分析时所用试剂均使用符合国家标准的分析纯化学试剂，实验用水为按4.1制备的水。

4.1　无氨水，在无氨环境中用下述方法之一制备。

4.1.1　离子交换法

蒸馏水通过强酸性阳离子交换树脂（氢型）柱，将流出液收集在带有磨口玻璃塞的玻璃瓶内。每升流出液加10g同样的树脂，以利于保存。

4.1.2　蒸馏法

在1 000mL的蒸馏水中，加0.1mL硫酸（$\rho=1.84g/mL$），在全玻璃蒸馏器中重蒸馏，弃去前50mL馏出液，然后将约800mL馏出液收集在带有磨口玻璃塞的玻璃瓶内。每升馏出液加10g强酸性阳离子交换树脂（氢型）。

4.1.3　纯水器法

用市售纯水器临用前制备。

4.2　轻质氧化镁（MgO）。

不含碳酸盐，在500℃下加热氧化镁，以除去碳酸盐。

4.3　盐酸，$\rho(HCl)=1.18g/mL$。

4.4　纳氏试剂，可选择下列方法的一种配制。

4.4.1　二氯化汞-碘化钾-氢氧化钾($HgCl_2$-KI-KOH)溶液

称取15.0g氢氧化钾(KOH),溶于50mL水中,冷却至室温。

称取5.0g碘化钾(KI),溶于10mL水中,在搅拌下,将2.50g二氯化汞($HgCl_2$)粉末分多次加入碘化钾溶液中,直到溶液呈深黄色或出现淡红色沉淀溶解缓慢时,充分搅拌混合,并改为滴加二氯化汞饱和溶液,当出现少量朱红色沉淀不再溶解时,停止滴加。

在搅拌下,将冷却的氢氧化钾溶液缓慢地加入到上述二氯化汞和碘化钾的混合液中,并稀释至100mL,于暗处静置24h,倾出上清液,贮于聚乙烯瓶内,用橡皮塞或聚乙烯盖子盖紧,存放暗处,可稳定1个月。

4.4.2　碘化汞-碘化钾-氢氧化钠(HgI_2-KI-NaOH)溶液

称取16.0g氢氧化钠(NaOH),溶于50mL水中,冷却至室温。

称取7.0g碘化钾(KI)和10.0g碘化汞(HgI_2),溶于水中,然后将此溶液在搅拌下,缓慢加入到上述50mL氢氧化钠溶液中,用水稀释至100mL。贮于聚乙烯瓶内,用橡皮塞或聚乙烯盖子盖紧,于暗处存放,有效期1年。

4.5　酒石酸钾钠溶液,$\rho = 500g/L$。

称取50.0g酒石酸钾钠($KNaC_4H_6O_6 \cdot 4H_2O$)溶于100mL水中,加热煮沸以驱除氨,充分冷却后稀释至100mL。

4.6　硫代硫酸钠溶液,$\rho = 3.5g/L$。

称取3.5g硫代硫酸钠($Na_2S_2O_3$)溶于水中,稀释至1000mL。

4.7　硫酸锌溶液,$\rho = 100g/L$。

称取10.0g硫酸锌($ZnSO_4 \cdot 7H_2O$)溶于水中,稀释至100mL。

4.8　氢氧化钠溶液,$\rho = 250g/L$。

称取25g氢氧化钠溶于水中,稀释至100mL。

4.9　氢氧化钠溶液,$c(NaOH) = 1mol/L$。

称取4g氢氧化钠溶于水中,稀释至100mL。

4.10　盐酸溶液,$c(HCl) = 1mol/L$。

量取8.5mL盐酸(4.3)于适量水中用水稀释至100mL。

4.11　硼酸(H_3BO_3)溶液,$\rho = 20g/L$。

称取20g硼酸溶于水,稀释至1L。

4.12　溴百里酚蓝指示剂(bromthymol blue),$\rho = 0.5g/L$。

称取0.05g溴百里酚蓝溶于50mL水中,加入10mL无水乙醇,用水稀释至100mL。

4.13　淀粉-碘化钾试纸。

称取1.5g可溶性淀粉于烧杯中,用少量水调成糊状,加入200mL沸水,搅拌混匀放冷。加0.50g碘化钾(KI)和0.50g碳酸钠(Na_2CO_3),用水稀释至250mL。将滤纸条浸渍后,取出晾干,于棕色瓶中密封保存。

4.14　氨氮标准溶液。

4.14.1　氨氮标准贮备溶液,$\rho_N = 1\ 000\mu g/mL$。

称取3.8190g氯化铵(NH_4Cl,优级纯,在100~105℃干燥2h),溶于水中,移入1 000mL容量瓶中,稀释至标线,可在2~5℃保存1个月。

4.14.2　氨氮标准工作溶液,$\rho_N = 10\mu g/mL$。

吸取5.00mL氨氮标准贮备溶液(4.14.1)于500mL容量瓶中,稀释至刻度。临用前配制。

5　仪器和设备

5.1　可见分光光度计:具20mm比色皿。

5.2　氨氮蒸馏装置:由500mL凯式烧瓶、氮球、直形冷凝管和导管组成,冷凝管末端可连接一段适当长度的滴管,使出口尖端浸入吸收液液面下。亦可使用500mL蒸馏烧瓶。

6　样品

6.1　样品采集与保存

水样采集在聚乙烯瓶或玻璃瓶内，要尽快分析。如需保存，应加硫酸使水样酸化至 pH＜2，2～5℃下可保存7d。

6.2　样品的预处理

6.2.1　去除余氯

若样品中存在余氯，可加入适量的硫代硫酸钠溶液(4.6)去除。每加0.5mL可去除0.25mg余氯。用淀粉-碘化钾试纸(4.13)检验余氯是否除尽。

6.2.2　絮凝沉淀

100mL样品中加入1mL硫酸锌溶液(4.7)和0.1～0.2mL氢氧化钠溶液(4.8)，调节pH约为10.5，混匀，放置使之沉淀，倾取上清液分析。必要时，用经水冲洗过的中速滤纸过滤，弃去初滤液20mL。也可对絮凝后样品离心处理。

6.2.3　预蒸馏

将50mL硼酸溶液(4.11)移入接收瓶内，确保冷凝管出口在硼酸溶液液面之下。分取250mL样品，移入烧瓶中，加几滴溴百里酚蓝指示剂(4.12)，必要时，用氢氧化钠溶液(4.9)或盐酸溶液(4.10)调整pH至6.0(指示剂呈黄色)～7.4(指示剂呈蓝色)，加入0.25g轻质氧化镁(4.2)及数粒玻璃珠，立即连接氮球和冷凝管。加热蒸馏，使馏出液速率约为10mL/min，待馏出液达200mL时，停止蒸馏，加水定容至250mL。

7　分析步骤

7.1　校准曲线

在8个50mL比色管中，分别加入0.00、0.50、1.00、2.00、4.00、6.00、8.00和10.00mL氨氮标准工作溶液(4.14.2)，其所对应的氨氮含量分别为0.0、5.0、10.0、20.0、40.0、60.0、80.0和100μg，加水至标线。加入1.0mL酒石酸钾钠溶液(4.5)，摇匀，再加入纳氏试剂1.5mL(4.4.1)或1.0mL(4.4.2)，摇匀。放置10min后，在波长420nm下，用20mm比色皿，以水作参比，测量吸光度。

以空白校正后的吸光度为纵坐标，以其对应的氨氮含量(μg)为横坐标，绘制校准曲线。

注：根据待测样品的质量浓度也可选用10mm比色皿。

7.2　样品测定

7.2.1　清洁水样：直接取50mL，按与校准曲线相同的步骤测量吸光度。

7.2.2　有悬浮物或色度干扰的水样：取经预处理的水样50mL(若水样中氨氮质量浓度超过2mg/L，可适当少取水样体积)，按与校准曲线相同的步骤测量吸光度。

注：经蒸馏或在酸性条件下煮沸方法预处理的水样，须加一定量氢氧化钠溶液(4.9)，调节水样至中性，用水稀释至50mL标线，再按与校准曲线相同的步骤测量吸光度。

7.3　空白试验

用水代替水样，按与样品相同的步骤进行前处理和测定。

8　结果计算

水中氨氮的质量浓度按式(附1-1)计算：

$$\rho_N = \frac{A_s - A_b - a}{b \times V} \qquad (附1\text{-}1)$$

式中：ρ_N——水样中氨氮的质量浓度(以N计)，mg/L；

A_s——水样的吸光度；

A_b——空白试验的吸光度；

a——校准曲线的截距；

b——校准曲线的斜率；

V——试料体积，mL。

9　准确度和精密度

氨氮浓度为1.21mg/L的标准溶液，重复性限为0.028mg/L，再现性限为0.075mg/L，回收率在94%～104%。

氨氮浓度为1.47mg/L的标准溶液，重复性限为0.024mg/L，再现性限为0.066mg/L，回收率在95%～105%。

10　质量保证和质量控制

10.1　试剂空白的吸光度应不超过0.030（10mm比色皿）

10.2　纳氏试剂的配制

为了保证纳氏试剂有良好的显色能力，配制时务必控制$HgCl_2$的加入量，至微量HgI_2红色沉淀不再溶解时为止。配制100mL纳氏试剂所需$HgCl_2$与KI的用量之比约为2.3∶5。在配制时为了加快反应速度、节省配制时间，可低温加热进行，防止HgI_2红色沉淀的提前出现。

10.3　酒石酸钾钠的配制

酒石酸钾钠试剂中铵盐含量较高时，仅加热煮沸或加纳氏试剂沉淀不能完全除去氨。此时采用加入少量氢氧化钠溶液，煮沸蒸发掉溶液体积的20%～30%，冷却后用无氨水稀释至原体积。

10.4　絮凝沉淀

滤纸中含有一定量的可溶性铵盐，定量滤纸中含量高于定性滤纸，建议采用定性滤纸过滤，过滤前用无氨水少量多次淋洗（一般为100mL）。这样可减少或避免滤纸引入的测量误差。

10.5　水样的预蒸馏

蒸馏过程中，某些有机物很可能与氨同时馏出，对测定有干扰，其中有些物质（如甲醛）可以在酸性条件（pH＜1）下煮沸除去。在蒸馏刚开始时，氨气蒸出速度较快，加热不能过快，否则造成水样暴沸，馏出液温度升高，氨吸收不完全。馏出液速率应保持在10mL/min左右。

蒸馏过程中，某些有机物很可能与氨同时馏出，对测定仍有干扰，其中有些物质（如甲醛）可以在酸性条件（pH＜1）下煮沸除去。

部分工业废水，可加入石蜡碎片等做防沫剂。

10.6　蒸馏器清洗

向蒸馏烧瓶中加入350mL水，加数粒玻璃珠，装好仪器，蒸馏到至少收集了100mL水，将馏出液及瓶内残留液弃去。

二、亚硝酸盐氮测量方法——GB 7493—1987

水质　亚硝酸盐氮的测定　分光光度法（GB 7493—1987）

本标准等效采用ISO 6777—1984《水质　亚硝酸盐氮测定　分子吸收分光光度法》。

本标准根据我国标准的格式对ISO 6777—1984标准技术上稍作修改和补充。

1　适用范围

本标准规定了用分光光度法测定饮用水、地下水、地面水及废水中亚硝酸盐氮的方法。

1.1　测定上限

当试份取最大体积（50mL）时，用本方法可以测定亚硝酸盐氮浓度高达0.20mg/L。

1.2　最低检出浓度

采用光程长为10mm的比色皿，试份体积为50mL，以吸光度0.01单位所对应的浓度值为最低检出限浓度，此值为0.003mg/L。

采用光程长为30mm的比色皿，试份体积为50mL，最低检出浓度为0.001mg/L。

1.3　灵敏度

采用光程长为 10mm 的比色皿,试份体积为 50mL 时,亚硝酸盐氮浓度 c_N = 0.20mg/L,给出的吸光度约为 0.67 单位。

1.4　干扰

当试样 pH≥11 时,可能遇到某些干扰,遇此情况,可向试份中加入酚酞溶液(3.12)1 滴,边搅拌边逐滴加入磷酸溶液(3.4),至红色刚消失。经此处理,则在加入显色剂后,体系 pH 值为 1.8 ±0.3,而不影响测定。

试样如有颜色和悬浮物,可向每 100mL 试样中加入 2mL 氢氧化铝悬浮液(3.9),搅拌,静置,过滤,弃去 25mL 初滤液后,再取试份测定。

水样中常见的可能产生干扰物质的含量范围见附录 A。其中氯胺、氯、硫代硫酸盐、聚磷酸钠和三价铁离子有明显干扰。

2　原理

在磷酸介质中,pH 值为 1.8 时,试份中的亚硝酸根离子与 4-氨基苯磺酰胺(4-aminobenzene sulfonamide)反应生成重氮盐,它再与 N-(1-萘基)-乙二胺二盐酸盐[N-(1-naphthyl)-1,2′-diaminoethane dihydrochlo-ride]偶联生成红色染料,在 540nm 波长处测定吸光度。如果使用光程长为 10mm 的比色皿,亚硝酸盐氮的浓度在 0.2mg/L 以内其呈色符合比尔定律。

3　试剂

在测定过程中,除非另有说明,均使用符合国家标准或专业标准的分析纯试剂,实验用水均为无亚硝酸盐的二次蒸馏水。

3.1　实验用水

采用下列方法之一进行制备:

3.1.1　加入高锰酸钾结晶少许于 1L 蒸馏水中,使成红色,加氢氧化钡(或氢氧化钙)结晶至溶液呈碱性,使用硬质玻璃蒸馏器进行蒸馏,弃去最初的 50mL 馏出液,收集约 700mL 不含锰盐的馏出液,待用。

3.1.2　于 1L 蒸馏水中加入硫酸(3.3)1mL、硫酸锰溶液[每 100mL 水中含有 36.4g 硫酸锰($MnSO_4 \cdot H_2O$)]0.2mL,滴加 0.04%(V/V)高锰酸钾溶液至呈红色(约 1 ~3mL),使用硬质玻璃蒸馏器进行蒸馏,弃去最初的 50mL 馏出液,收集约 700mL 不含锰盐的馏出液,待用。

3.2　磷酸:15mol/L,ρ = 1.70g/mL。

3.3　硫酸:18mol/L,ρ = 1.84g/mL。

3.4　磷酸:1 +9 溶液(1.5mol/L)。

溶液至少可稳定 6 个月。

3.5　显色剂。

500mL 烧杯内置入 250mL 水和 50mL 磷酸(3.2),加入 20.0g 4-氨基苯磺酰胺($NH_2C_6H_4SO_2NH_2$)。再将 1.00gN-(1-萘基)-乙二胺二盐酸盐($C_{10}H_7NHC_2H_4NH_2 \cdot 2HCl$)溶于上述溶液中,转移至 500mL 容量瓶中,用水稀至标线,摇匀。

此溶液贮存于棕色试剂瓶中,保存在 2 ~5℃,至少可稳定一个月。

注:本试剂有毒性,避免与皮肤接触或吸入体内。

3.6　亚硝酸盐氮标准贮备溶液:c_N = 250mg/L。

3.6.1　贮备溶液的配制

称取 1.232g 亚硝酸钠($NaNO_2$),溶于 150mL 水中,定量转移至 1000mL 容量瓶中,用水稀释至标线,摇匀。

本溶液贮存在棕色试剂瓶中,加入 1mL 氯仿,保存在 2 ~5℃,至少稳定一个月。

3.6.2　贮备溶液的标定

在 300mL 具塞锥形瓶中,移入高锰酸钾标准溶液(3.10)50.00mL、硫酸(3.3)5mL,用 50mL 无分度吸管,使下端插入高锰酸钾溶液液面下,加入亚硝酸盐氮标准贮备溶液 50.00mL,轻轻摇匀,置于水浴上加热至 70~80℃,按每次 10.00mL 的量加入足够的草酸钠标准溶液(3.11),使高锰酸钾标准溶液褪色并使过量,记录草酸钠标准溶液用量 V_2,然后用高锰酸钾标准溶液(3.10)滴定过量草酸钠至溶液呈微红色,记录高锰酸钾标准溶液总用量 V_1。

再以 50mL 实验用水代替亚硝酸盐氮标准储备溶液,如上操作,用草酸钠标准溶液标定高锰酸钾溶液的浓度 c_1。

按式(附 2-1)计算高锰酸钾标准溶液浓度 c_1($1/5KMnO_4$mol/L):

$$c_1 = \frac{0.0500 \times V_4}{V_3} \qquad \text{(附 2-1)}$$

式中:V_3——滴定实验用水时加入高锰酸钾标准溶液总量,mL;

V_4——滴定实验用水时加入草酸钠标准溶液总量,mL;

0.0500——草酸钠标准溶液浓度 $c(1/2Na_2C_2O_4)$,mol/L。

按式(附 2-2)计算亚硝酸盐氮标准贮备溶液的浓度 c_N(mg/L):

$$c_N = \frac{(V_1c_1 - 0.0500V_2) \times 7.00 \times 1000}{50.00} = 140V_1c_1 - 7.00V_2 \qquad \text{(附 2-2)}$$

式中:V_1——滴定亚硝酸盐氮标准贮备溶液时加入高锰酸钾标准溶液总量,mL;

V_2——滴定亚硝酸盐氮标准贮备溶液时加入草酸钠标准溶液总量,mL;

c_1——经标定的高锰酸钾标准溶液的浓度,mol/L;

7.00——亚硝酸盐氮(1/2N)的摩尔质量;

50.00——亚硝酸盐氮标准贮备溶液取样量,mL;

0.0500——草酸钠标准溶液浓度 $c(1/2Na_2C_2O_4)$,mol/L。

3.7 亚硝酸盐氮中间标准液:c_N=50.0mg/L。

取亚硝酸盐氮标准贮备溶液(3.6)50.00mL 置 250mL 容量瓶中,用水稀释至标线,摇匀。

此溶液贮于棕色瓶内,保存在 2~5℃,可稳定一星期。

3.8 亚硝酸盐氮标准工作液,c_N=1.00mg/L。

取亚硝酸盐氮中间标准液(3.7)10.00mL 于 500mL 容量瓶内,水稀释至标线,摇匀。

此溶液使用时,当天配制。

注:亚硝酸盐氮中间标准液和标准工作液的浓度值,应采用贮备溶液标定后的准确浓度的计算值。

3.9 氢氧化铝悬浮液。

溶解 125g 硫酸铝钾[$KAl(SO_4)_2 \cdot 12H_2O$]或硫酸铝铵[$NH_4Al(SO_4)_2 \cdot 12H_2O$]于 1L 一次蒸馏水中,加热至 60℃,在不断搅拌下,徐徐加入 55mL 浓氢氧化铵,放置约 1h 后,移入 1L 量筒内,用一次蒸馏水反复洗涤沉淀,最后用实验用水洗涤沉淀,直至洗涤液中不含亚硝酸盐为止。澄清后,把上清液尽量全部倾出,只留稠的悬浮物,最后加入 100mL 水。使用前应振荡均匀。

3.10 高锰酸钾标准溶液:$c(1/5KMnO_4)$=0.050mol/L。

溶解 1.6g 高锰酸钾($KMnO_4$)于 1.2L 水中(一次蒸馏水),煮沸 0.5~1h,使体积减少到 1L 左右,放置过夜,用 G-3 号玻璃砂芯滤器过滤后,滤液贮存于棕色试剂瓶中避光保存。高锰酸钾标准溶液浓度按 3.6.2 第二段所述方法进行标定和计算。

3.11 草酸钠标准溶液;$c(1/2\ Na_2C_2O_4)$=0.0500mol/L。

溶解经 105℃烘干 2h 的优级纯无水草酸钠($Na_2C_2O_4$)3.3500±0.0004g 于 750mL 水中,定量转移至 1000mL 容量瓶中,用水稀释至标线,摇匀。

3.12 酚酞指示剂:c=10g/L。

0.5g 酚酞溶于 95%(V/V)乙醇 50mL 中。

4 仪器

所有玻璃器皿都应用 2mol/L 盐酸仔细洗净,然后用水彻底冲洗。

常用实验室设备及分光光度计。

5　采样和样品

5.1　采样和样品保存

实验室样品应用玻璃瓶或聚乙烯瓶采集，并在采集后尽快分析，不要超过24h。

若需短期保存（1～2天），可以在每升实验室样品中加入40mg氯化汞，并保存于2～5℃。

5.2　试样的制备

实验室样品含有悬浮物或带有颜色时，需按照1.4第二段所述的方法制备试样。

6　步骤

6.1　试份

试份最大体积为50.0mL，可测定亚硝酸盐氮浓度高至0.20mg/L。浓度更高时，可相应用较少量的样品或将样品进行稀释后，再取样。

6.2　测定

用无分度吸管将选定体积的试份移至50mL比色管（或容量瓶）中，用水稀释至标线，加入显色剂（3.5）1.0mL，密塞，摇匀，静置，此时pH值应为1.8±0.3。

加入显色剂20min后、2h以内，在540nm的最大吸光度波长处，用光程长10mm的比色皿，以实验用水做参比，测量溶液吸光度。

注：最初使用本方法时，应校正最大吸光度的波长，以后的测定均应用此波长。

6.3　空白试验

按6.2所述步骤进行空白试验，用50mL水代替试份。

6.4　色度校正

如果实验室样品经5.2的方法制备的试样还具有颜色时，按6.2所述方法，从试样中取相同体积的第二份试份，进行测定吸光度，只是不加显色剂（3.5），改加磷酸（3.4）1.0mL。

6.5　校准

在一组六个50mL比色管（或容量瓶）内，分别加入亚硝酸盐氮标准工作液（3.8）0、1.00、3.00、5.00、7.00和10.00mL，用水稀释至标线，然后按6.2第二段开始到末了叙述的步骤操作。

从测得的各溶液吸光度，减去空白试验吸光度，得校正吸光度 A_r，绘制以氮含量（μg）对校正吸光度的校准曲线，亦可按线性回归方程的方法，计算校准曲线方程。

7　结果表示

7.1　计算方法

试份溶液吸光度的校正值 A_r 按式（附2-3）计算：

$$A_r = A_s - A_b - A_c \tag{附2-3}$$

式中：A_s——试份溶液测得吸光度；

A_b——空白试验测得吸光度；

A_c——色度校正测得吸光度。

由校正吸光度 A_r 值，从校准曲线上查得（或由校准曲线方程计算）相应的亚硝酸盐氮的含量 m_N（μg）。

试份的亚硝酸盐氮浓度按式（附2-4）计算。

$$c_N = \frac{m_N}{V} \tag{附2-4}$$

式中：c_N——亚硝酸盐氮浓度，mg/L；

m_N——相应于校正吸光度 A_r 的亚硝酸盐氮含量，μg；

V——取试份体积，mL。

试份体积为50mL时，结果以三位小数表示。

7.2　精密度和准确度

7.2.1　取平行双样测定结果的算术平均值为测定结果。

7.2.2　23 个实验室测定亚硝酸盐氮浓度为 7.46×10^{-2}mg/L 的试样，重复性为 1.1×10^{-3}mg/L，再现性为 3.7×10^{-3}mg/L，加标百分回收率范围为 96%～104%。

15 个实验室测定亚硝酸盐氮浓度为 6.19×10^{-2}mg/L 的试样，重复性为 2.0×10^{-3}mg/L，再现性为 3.7×10^{-3}mg/L，加标百分回收率范围为 93%～103%。

三、硝酸盐氮测量方法——GB 7480—1987

水质　硝酸盐氮的测定　酚二磺酸分光光度法（GB 7480—1987）

1　适用范围

本标准适用于测定饮用水、地下水和清洁地面水中的硝酸盐氮。

1.1　测定范围

本方法适用于测定硝酸盐氮浓度范围在 0.02～2.0mg/L 之间。浓度更高时，可分取较少的试份测定。

1.2　最低检出浓度

采用光程为 30mm 的比色皿，试份体积为 50mL 时，最低检出浓度为 0.02mg/L。

1.3　灵敏度

当使用光程为 30mm 的比色皿，试份体积为 50mL，硝酸盐氮含量为 0.60mg/L 时，吸光度约 0.6 单位。

使用光程为 10mm 的比色皿，试份体积为 50mL，硝酸盐氮含量为 2.0mg/L 时，其吸光度约 0.7 单位。

1.4　干扰

水中含氯化物、亚硝酸盐、铵盐，有机物和碳酸盐时，可产生干扰。含此类物质时，应作适当的前处理，以消除对测定的影响。

2　原理

硝酸盐在无水情况下与酚二磺酸反应，生成硝基二磺酸酚，在碱性溶液中，生成黄色化合物，于 410nm 波长处进行分光光度测定。

3　试剂

本标准所用试剂除另有说明外，均为分析纯试剂，实验中所用的水，均应用蒸馏水或同等纯度的水。

3.1　硫酸：$\rho=1.84$g/mL。

3.2　发烟硫酸（$H_2SO_4\cdot SO_3$）：含 13% 三氧化硫（SO_3）。

注：（1）发烟硫酸在室温较低时凝固，取用时，可先在 40～50℃隔水浴中加温使熔化，不能将盛装发烟硫酸的玻璃瓶直接置入水浴中，以免瓶裂引起危险。

（2）发烟硫酸中含三氧化硫（SO_3）浓度超过 13% 时，可用硫酸（3.1）按计算量进行稀释。

3.3　酚二磺酸［$C_6H_3(OH)(SO_3H)_2$］。

称取 25g 苯酚置于 500mL 锥形瓶中，加 150mL 硫酸（3.1）使之溶解，再加 75mL 发烟硫酸（3.2），充分混合。瓶口插一小漏斗，置瓶于沸水浴中加热 2h，得淡棕色稠液，贮于棕色瓶中，密塞保存。

注：（1）当苯酚色泽变深时，应进行蒸馏精制。

（2）无发烟硫酸时，亦可用硫酸（3.1）代替，但应增加在沸水浴中加热时间至 6h，制得的试剂尤应注意防止吸收空气中的水分，以免因硫酸浓度的降低，影响硝基化反应的进行，使测定结果偏低。

3.4　氨水（$NH_3\cdot H_2O$）：$\rho=0.90$g/mL。

3.5　硝酸盐氮标准溶液：$c_N=100$mg/L。

将 0.7218g 经 105～110℃干燥 2h 的硝酸钾（KNO_3）溶于水中，移入 1000mL 容量瓶，用水稀释至标线、混匀。加 2mL 氯仿作保存剂，至少可稳定 6 个月。

每毫升本标准溶液含 0.10mg 硝酸盐氮。

3.6　硝酸盐氮标准溶液：$c_N = 10.0$mg/L。

吸取 50.0mL 硝酸盐氮标准溶液（3.5），置蒸发皿内，加氢氧化钠溶液（3.9）使调至 pH = 8，在水浴上蒸发至干。加 2mL 酚二磺酸试剂（3.3），用玻璃棒研磨蒸发皿内壁，使残渣与试剂充分接触，放置片刻，重复研磨一次，放置 10min，加入少量水，定量移入 500mL 容量瓶中，加水至标线，混匀。

每毫升本标准溶液含 0.010mg 硝酸盐氮。

贮于棕色瓶中，此溶液至少稳定 6 个月。

注：本标准溶液应同时制备两份，如发现浓度存在差异时，应重新吸取硝酸盐氮标准溶液（3.5）进行制备。

3.7　硫酸银溶液。

称取 4.397g 硫酸银（Ag_2SO_4）溶于水，稀释至 1000mL。

1.00mL 此溶液可去除 1.00mg 氯离子（Cl^-）。

3.8　硫酸溶液：0.5mol/L。

3.9　氢氧化钠溶液：0.1mol/L。

3.10　EDTA 二钠溶液。

称取 50gEDTA 二钠盐的二水合物（$C_{10}H_{14}N_2O_3Na_2 \cdot 2H_2O$），溶于 20mL 水中，使调成糊状，加入 60mL 氨水（3.4）充分混合，使之溶解。

3.11　氢氧化铝悬浮液。

称取 125g 硫酸铝钾[$KAl(SO_4)_2 \cdot 12H_2O$]或硫酸铝铵[$NH_4Al(SO_4)_2 \cdot 12H_2O$]溶于 1L 水中，加热到 60℃，在不断搅拌下徐徐加入 55mL 氨水（3.4），使生成氢氧化铝沉淀，充分搅拌后静置，弃去上清液。反复用水洗涤沉淀，至倾出液无氯离子和铵盐。最后加入 300mL 水使成悬浮液。

使用前振摇均匀。

3.12　高锰酸钾溶液；3.16g/L。

4　仪器

常用实验室仪器具：

4.1　瓷蒸发皿：75 ~ 100mL 容量。

4.2　具塞比色管：50mL。

4.3　分光光度计：适用于测量波长 410nm，并配有光程 10mm 和 30mm 的比色皿。

5　采样和样品

按照国家标准规定及根据待测水的类型提出的特殊建议进行采样。

实验室样品可贮于玻璃瓶或聚乙烯瓶中。

硝酸盐氮的测定应在水样采集后立即进行，必要时，应保存在 4℃下，但不得超过 24h。

6　步骤

6.1　试份体积的选择

最大试份体积为 50mL，可测定硝酸盐氮浓度至 2.0mg/L。

6.2　空白试验

取 50mL 水，以与试份测定完全相同的步骤、试剂和用量，进行平行操作。

6.3　干扰的排除

6.3.1　带色物质

取 100mL 试样移入 100mL 具塞量筒中，加 2mL 氢氧化铝悬浮液（3.11），密塞充分振摇，静置数分钟澄清后，过滤，弃去最初滤液的 20mL。

6.3.2　氯离子

取 100mL 试样移入 100mL 具塞量筒中，根据已测定的氯离子含量，加入相当量的硫酸银溶液（3.7），充分混合，在暗处放置 30min，使氯化银沉淀凝聚，然后用慢速滤纸过滤，弃去最初滤液 20mL。

注：(1) 如不能获得澄清滤液，可将已加过硫酸银溶液后的试样在近 80℃ 的水浴中加热，并用力振摇，使沉淀充分凝聚，冷却后再进行过滤。

(2) 如同时需去除带色物质，则可在加入硫酸银溶液并混匀后，再加入 2mL 氢氧化铝悬浮液，充分振摇，放置片刻待沉淀后，过滤。

6.3.3 亚硝酸盐

当亚硝酸盐氮含量超过 0.2mg/L 时，可取 100mL 试样，加 1mL 硫酸溶液（3.8），混匀后，滴加高锰酸钾溶液（3.12），至淡红色保持 15min 不褪为止，使亚硝酸盐氧化为硝酸盐，最后从硝酸盐氮测定结果中减去亚硝酸盐氮量。

6.4 测定

6.4.1 蒸发

取 50.0mL 试份入蒸发皿中，用 pH 试纸检查，必要时用硫酸溶液（3.8）或氢氧化钠溶液（3.9），调节至微碱性（pH≈8），置水浴上蒸发至干。

6.4.2 硝化反应

加 1.0mL 酚二磺酸试剂（3.3），用玻璃棒研磨，使试剂与蒸发皿内残渣充分接触，放置片刻，再研磨一次，放置 10min，加入约 10mL 水。

6.4.3 显色

在搅拌下加入 3～4mL 氨水（3.4），使溶液呈现最深的颜色。如有沉淀产生，过滤；或滴加 EDTA 二钠溶液（3.10），并搅拌至沉淀溶解。将溶液移入比色管（4.2）中，用水稀释至标线，混匀。

6.4.4 分光光度测定

于 410nm 波长，选用合适光程长的比色皿，以水为参比，测量溶液的吸光度。

6.5 校准

6.5.1 校准系列的制备

用分度吸管向一组 10 支 50mL 比色管中，加入硝酸盐氮标准溶液，所加体积如附表 3-1，加水至约 40mL，加 3mL 氨水（3.4）使成碱性，再加水至标线，混匀。

按 6.4.4 进行分光光度测定。所用比色皿的光程长亦如附表 3-1 所示。

校准系列中所用标准溶液体积 附表 3-1

标准溶液（3.6）体积（mL）	硝酸盐氮含量（mg）	比色皿光程长（mm）
0	0	10、30
0.10	0.001	30
0.30	0.003	30
0.50	0.005	30
0.70	0.007	30
1.00	0.010	10、30
3.00	0.030	10
5.00	0.050	10
7.00	0.070	10
10.0	0.10	10

6.5.2 校准曲线的绘制

由除零管外的其他校准系列测得的吸光度值减去零管的吸光度值，分别绘制不同比色皿光程长的吸光度对硝酸盐氮含量（mg）的校准曲线。

7　结果的表示

7.1　计算方法

试份中硝酸盐氮的吸光度 A_r 用式(附 3-1)计算：

$$A_r = A_s - A_b \tag{附 3-1}$$

式中：A_s——试份溶液(6.4)的吸光度；

A_b——空白试验溶液(6.2)的吸光度。

注：对某种特定样品，A_s 和 A_b 应在同一种光程长的比色皿中测定。

硝酸盐氮含量 c_N mg/L 表示。

7.1.1　未经去除氯离子的试样，按式(附 3-2)计算：

$$c_N = \frac{m}{V} \times 1000 \tag{附 3-2}$$

式中：m——硝酸盐氮质量，mg，由 A_r 值和相应比色皿光程的校准曲线(6.5.2)确定；

V——试份体积，mL；

1000——换算为每升试样计。

7.1.2　经去除氯离子的试样，按式(附 3-3)计算：

$$c_N = \frac{m}{V} \times 1000 \times \frac{V_1 + V_2}{V_1} \tag{附 3-3}$$

式中：V_1——供去氯离子的试样取用量，mL；

V_2——硫酸银溶液加入量，mL。

7.2　精密度和准确度

7.2.1　经 5 个实验室的分析方法协作试验结果如下：

7.2.1.1　实验室内

浓度范围为 0.2～0.4mg/L 的加标地面水，最大总相对标准偏差 6.4%，回收率平均值 78%。

浓度范围 1.8～2.0mg/L 的加标地面水，最大总相对标准偏差 5.4%，回收率平均值 98.6%。

7.2.1.2　实验室间

a. 分析含硝酸盐氮 1.20mg/L 的统一分发标准样，实验室间总相对标准偏差为 9.4%，相对误差为 -6.7%。

b. 52 个实验室测定含硝酸盐氮 1.59mg/L 的合成水样，相对标准偏差为 11.0%，相对误差为 8.8%。

四、总氮测量方法——HJ 636—2012

水质　总氮的测定　碱性过硫酸钾消解紫外分光光度法(HJ 636—2012)

1　适用范围

本标准规定了测定水中总氮的碱性过硫酸钾消解紫外分光光度法。

本标准适用于地表水、地下水、工业废水和生活污水中总氮的测定。

当样品量为 10mL 时，本方法的检出限为 0.05mg/L，测定范围为 0.20～7.00mg/L。

2　规范性引用文件

本标准内容引用了下列文件或其中的条款。凡是不注明日期的引用文件，其有效版本适用于本标准。

HJ/T 91　地表水和污水监测技术规范

HJ/T 164　地下水环境监测技术规范

3　术语和定义

下列术语和定义适用于本标准。

总氮　total nitrogen(TN)

指在本标准规定的条件下,能测定的样品中溶解态氮及悬浮物中氮的总和,包括亚硝酸盐氮、硝酸盐氮、无机铵盐、溶解态氨及大部分有机含氮化合物中的氮。

4　方法原理

在 120~124℃下,碱性过硫酸钾溶液使样品中含氮化合物的氮转化为硝酸盐,采用紫外分光光度法于波长 220nm 和 275nm 处,分别测定吸光度 A_{220} 和 A_{275},按公式(附 4-1)计算校正吸光度 A,总氮(以 N 计)含量与校正吸光度 A 成正比。

$$A = A_{220} - 2A_{275} \quad \text{(附 4-1)}$$

5　干扰和消除

5.1　当碘离子含量相对于总氮含量的 2.2 倍以上,溴离子含量相对于总氮含量的 3.4 倍以上时,对测定产生干扰。

5.2　水样中的六价铬离子和三价铁离子对测定产生干扰,可加入 5% 盐酸羟胺溶液 1~2mL 消除。

6　试剂和材料

除非另有说明,分析时均使用符合国家标准的分析纯试剂,实验用水为无氨水(6.1)。

6.1　无氨水。

每升水中加入 0.10mL 浓硫酸蒸馏,收集馏出液于具塞玻璃容器中。也可使用新制备的去离子水。

6.2　氢氧化钠(NaOH)。

含氮量小于 0.0005% 的氢氧化钠。

6.3　过硫酸钾($K_2S_2O_8$)。

含氮量小于 0.0005% 的过硫酸钾。

6.4　硝酸钾(KNO_3):基准试剂或优级纯。

在 105~110℃下烘干 2h,在干燥器中冷却至室温。

6.5　浓盐酸:ρ(HCl) = 1.19g/mL。

6.6　浓硫酸:ρ(H_2SO_4) = 1.84g/mL。

6.7　盐酸溶液:1+9。

6.8　硫酸溶液:1+35。

6.9　氢氧化钠溶液:ρ(NaOH) = 200g/L。

称取 20.0g 氢氧化钠(6.2)溶于少量水中,稀释至 100mL。

6.10　氢氧化钠溶液:ρ(NaOH) = 20g/L。

量取氢氧化钠溶液(6.9)10.0mL,用水稀释至 100mL。

6.11　碱性过硫酸钾溶液。

称取 40.0g 过硫酸钾(6.3)溶于 600mL 水中(可置于 50℃水浴中加热至全部溶解);另称取 15.0g 氢氧化钠(6.2)溶于 300mL 水中。待氢氧化钠溶液温度冷却至室温后,混合两种溶液定容至 1000mL,存放于聚乙烯瓶中,可保存一周。

6.12　硝酸钾标准储备液:ρ(N) = 100mg/L。

称取 0.7218g 硝酸钾(6.4)溶于适量水,移至 1000mL 容量瓶中,用水稀释至标线,混匀。加入 1~2mL 三氯甲烷作为保护剂,在 0~10℃暗处保存,可稳定 6 个月。也可直接购买市售有证标准溶液。

6.13　硝酸钾标准使用液:ρ(N) = 10.0mg/L。

量取 10.00mL 硝酸钾标准贮备液(6.12)至 100mL 容量瓶中,用水稀释至标线,混匀,临用现配。

7　仪器和设备

7.1　紫外分光光度计:具 10mm 石英比色皿。

7.2　高压蒸汽灭菌器:最高工作压力不低于 1.1~1.4kg/cm^2;最高工作温度不低于 120~124℃。

7.3　具塞磨口玻璃比色管:25mL。

7.4 一般实验室常用仪器和设备。

8 样品

8.1 样品的采集和保存

参照 HJ/T91 和 HJ/T164 的相关规定采集样品。

将采集好的样品贮存在聚乙烯瓶或硬质玻璃瓶中，用浓硫酸(6.6)调节 pH 值至 1 ~ 2，常温下可保存 7d。贮存在聚乙烯瓶中，-20℃冷冻，可保存一个月。

8.2 试样的制备

取适量样品用氢氧化钠溶液(6.10)或硫酸溶液(6.8)调节 pH 值至 5 ~ 9，待测。

9 分析步骤

9.1 校准曲线的绘制

分别量取 0.00、0.20、0.50、1.00、3.00 和 7.00mL 硝酸钾标准使用液(6.13)于 25mL 具塞磨口玻璃比色管中，其对应的总氮(以 N 计)含量分别为 0.00、2.00、5.00、10.0、30.0 和 70.0μg。加水稀释至10.00mL，再加入 5.00mL 碱性过硫酸钾溶液(6.11)，塞紧管塞，用纱布和线绳扎紧管塞，以防弹出。将比色管置于高压蒸汽灭菌器中，加热至顶压阀吹气，关阀，继续加热至 120℃开始计时，保持温度在 120 ~ 124℃之间 30min。自然冷却、开阀放气，移去外盖，取出比色管冷却至室温，按住管塞将比色管中的液体颠倒混匀 2 ~ 3 次。

注：若比色管在消解过程中出现管口或管塞破裂，应重新取样分析。

每个比色管分别加入 1.0mL 盐酸溶液(6.7)，用水稀释至 25mL 标线，盖塞混匀。使用 10mm 石英比色皿，在紫外分光光度计上，以水作参比，分别于波长 220nm 和 275nm 处测定吸光度。零浓度的校正吸光度 A_b、其他标准系列的校正吸光度 A_s 及其差值 A_r 按公式(附 4-2)、(附 4-3)和(附 4-4)进行计算。以总氮(以 N 计)含量(μg)为横坐标，对应的 A_r 值为纵坐标，绘制校准曲线。

$$A_b = A_{b220} - 2A_{b275} \tag{附 4-2}$$

$$A_s = A_{s220} - 2A_{s275} \tag{附 4-3}$$

$$A_r = A_s - A_b \tag{附 4-4}$$

式中：A_b——零浓度(空白)溶液的校正吸光度；

A_{b220}——零浓度(空白)溶液于波长 220nm 处的吸光度；

A_{b275}——零浓度(空白)溶液于波长 275nm 处的吸光度；

A_s——标准溶液的校正吸光度；

A_{s220}——标准溶液于波长 220nm 处的吸光度；

A_{s275}——标准溶液于波长 275nm 处的吸光度；

A_r——标准溶液校正吸光度与零浓度(空白)溶液校正吸光度的差。

9.2 测定

量取 10.00mL 试样(8.2)于 25mL 具塞磨口玻璃比色管中，按照 9.1 步骤进行测定。

注：试样中的含氮量超过 70μg 时，可减少取样量并加水稀释至 10.00mL。

9.3 空白试验

用 10.00mL 水代替试样，按照 9.2 步骤进行测定。

10 结果计算与表示

10.1 结果计算

参照公式(附 4-2) ~ (附 4-4)计算试样校正吸光度和空白试验校正吸光度差值 A_r，样品中总氮的质量浓度 ρ(mg/L)按公式(附 4-5)进行计算。

$$\rho = \frac{(A_r - a) \times f}{bV} \tag{附 4-5}$$

式中：ρ——样品中总氮(以 N 计)的质量浓度，mg/L；

A_r——试样的校正吸光度与空白试验校正吸光度的差值；

a——校准曲线的截距；

b——校准曲线的斜率；

V——试样体积，mL；

f——稀释倍数。

10.2　结果表示

当测定结果小于 1.00mg/L 时，保留到小数点后两位；大于等于 1.00mg/L 时，保留三位有效数字。

11　精密度和准确度

11.1　精密度

6 家实验室对总氮质量浓度为 0.20、1.52 和 4.78mg/L 的统一样品进行了测定，实验室内相对标准偏差分别为：4.1%～13.8%，0.6%～4.3%，0.8%～3.4%；实验室间相对标准偏差分别为：8.4%，2.7%，1.8%；重复性限分别为：0.06mg/L，0.14mg/L，0.27mg/L；再现性限分别为：0.07mg/L，0.17mg/L，0.35mg/L。

11.2　准确度

6 家实验室对总氮质量浓度分别为（1.52±0.10）mg/L 和（4.78±0.34）mg/L 的有证标准样品进行了测定，相对误差分别为：1.3%～5.3%，0.2%～4.2%；相对误差最终值（$\overline{RE} \pm 2S_{\overline{RE}}$）分别为：2.6%±2.8%，1.5%±3.2%。

12　质量保证和质量控制

12.1　校准曲线的相关系数 r 应大于等于 0.999。

12.2　每批样品应至少做一个空白试验，空白试验的校正吸光度 A_b 应小于 0.030。超过该值时应检查实验用水、试剂（主要是氢氧化钠和过硫酸钾）纯度、器皿和高压蒸汽灭菌器的污染状况。

12.3　每批样品应至少测定 10% 的平行双样，样品数量少于 10 时，应至少测定一个平行双样。当样品总氮含量≤1.00mg/L 时，测定结果相对偏差应≤10%；当样品总氮含最＞1.00mg/L 时，测定结果相对偏差应≤5%。测定结果以平行双样的平均值报出。

12.4　每批样品应测定一个校准曲线中间点浓度的标准溶液，其测定结果与校准曲线该点浓度的相对误差应≤10%。否则，需重新绘制校准曲线。

12.5　每批样品应至少测定 10% 的加标样品，样品数量少于 10 时，应至少测定一个加标样品，加标回收率应在 90%～110% 之间。

13　注意事项

13.1　某些含氮有机物在本标准规定的测定条件下不能完全转化为硝酸盐。

13.2　测定应在无氨的实验室环境中进行，避免环境交叉污染对测定结果产生影响。

13.3　实验所用的器皿和高压蒸汽灭菌器等均应无氮污染。实验中所用的玻璃器皿应用盐酸溶液（6.7）或硫酸溶液（6.8）浸泡，用自来水冲洗后再用无氨水冲洗数次，洗净后立即使用。高压蒸汽灭菌器应每周清洗。

13.4　在碱性过硫酸钾溶液配制过程中，温度过高会导致过硫酸钾分解失效，因此要控制水浴温度在 60℃以下，而且应待氢氧化钠溶液温度冷却至室温后，再将其与过硫酸钾溶液混合、定容。

13.5　使用高压蒸汽灭菌器时，应定期检定压力表，并检查橡胶密封圈密封情况，避免因漏气而减压。

五、总磷测量方法——GB 11893—1989

水质　总磷的测定　钼酸铵分光光度法（GB 11893—1989）

1　主题内容与适用范围

本标准规定了用过硫酸钾（或硝酸—高氯酸）为氧化剂，将未经过滤的水样消解，用钼酸铵分光光度测定总磷的方法。

总磷包括溶解的、颗粒的、有机的和无机磷。

本标准适用于地面水、污水和工业废水。

取25mL试料,本标准的最低检出浓度为0.01mg/L,测定上限为0.6mg/L。

在酸性条件下,砷、铬、硫干扰测定。

2　原理

在中性条件下用过硫酸钾(或硝酸—高氯酸)使试样消解,将所含磷全部氧化为正磷酸盐。在酸性介质中,正磷酸盐与钼酸铵反应,在锑盐存在下生成磷钼杂多酸后,立即被抗坏血酸还原,生成蓝色的络合物。

3　试剂

本标准所用试剂除另有说明外,均应使用符合国家标准或专业标准的分析试剂和蒸馏水或同等纯度的水。

3.1　硫酸(H_2SO_4),密度为1.84g/mL。

3.2　硝酸(HNO_3),密度为1.4g/mL。

3.3　高氯酸($HClO_4$),优级纯,密度为1.68g/mL。

3.4　硫酸(H_2SO_4),1+1。

3.5　硫酸,约$c\left(\frac{1}{2}H_2SO_4\right)=1mol/L$:将27mL硫酸(3.1)加入到973mL水中。

3.6　氢氧化钠(NaOH),1mol/L溶液:将40g氢氧化钠溶于水并稀释至1000mL。

3.7　氢氧化钠(NaOH),6mol/L溶液:将240g氢氧化钠溶于水并稀释至1000mL。

3.8　过硫酸钾,50g/L溶液:将5g过硫酸钾($K_2S_2O_8$)溶解于水,并稀释至100mL。

3.9　抗坏血酸,100g/L溶液:溶解10g抗坏血酸($C_6H_8O_6$)于水中,并稀释至100mL。

此溶液贮于棕色的试剂瓶中,在冷处可稳定几周。如不变色可长时间使用。

3.10　钼酸盐溶液:溶解13g钼酸铵〔$(NH_4)_6Mo_7O_{24}\cdot 4H_2O$〕于100mL水中。溶解0.35g酒石酸锑钾〔$KSbC_4H_4O_7\cdot\frac{1}{2}H_2O$〕于100mL水中。在不断搅拌下把钼酸铵溶液徐徐加到300mL硫酸(3.4)中,加酒石酸锑钾溶液并且混合均匀。

此溶液贮存于棕色试剂瓶中,在冷处可保存二个月。

3.11　浊度—色度补偿液:混合两个体积硫酸(3.4)和一个体积抗坏血酸溶液(3.9)。

使用当天配制。

3.12　磷标准贮备溶液:称取0.2197±0.001g于110℃干燥2h在干燥器中放冷的磷酸二氢钾(KH_2PO_4),用水溶解后转移至1000mL容量瓶中,加入大约800mL水、加5mL硫酸(3.4)用水稀释至标线并混匀。1.00mL此标准溶液含50.0μg磷。

本溶液在玻璃瓶中可贮存至少六个月。

3.13　磷标准使用溶液:将10.0mL的磷标准溶液(3.12)转移至250mL容量瓶中,用水稀释至标线并混匀。1.00mL此标准溶液含2.0μg磷。

使用当天配制。

3.14　酚酞,10g/L溶液:0.5g酚酞溶于50mL 95%乙醇中。

4　仪器

实验室常用仪器设备和下列仪器。

4.1　医用手提式蒸气消毒器或一般压力锅(1.1~1.4kg/cm^2)。

4.2　50mL具塞(磨口)刻度管。

4.3　分光光度计。

注:所有玻璃器皿均应用稀盐酸或稀硝酸浸泡。

5　采样和样品

5.1　采取500mL水样后加入1mL硫酸(3.1)调节样品的pH值,使之低于或等于1,或不加任何试剂于冷处保存。

注：含磷量较少的水样，不要用塑料瓶采样，因磷酸盐易吸附在塑料瓶壁上。

5.2 试样的制备：

取 25mL 样品(5.1)于具塞刻度管中(4.2)。取时应仔细摇匀，以得到溶解部分和悬浮部分均具有代表性的试样。如样品中含磷浓度较高，试样体积可以减少。

6 分析步骤

6.1 空白试样

按(6.2)的规定进行空白试验，用水代替试样，并加入与测定时相同体积的试剂。

6.2 测定

6.2.1 消解

6.2.1.1 过硫酸钾消解：向(5.2)试样中加 4mL 过硫酸钾(3.8)，将具塞刻度管的盖塞紧后。用一小块布和线将玻璃塞扎紧(或用其他方法固定)，放在大烧杯中置于高压蒸气消毒器(4.1)中加热，待压力达 1.1kg/cm^2，相应温度为 120℃时，保持 30min 后停止加热。待压力表读数降至零后，取出放冷。然后用水稀释至标线。

注：如用硫酸保存水样，当用过硫酸钾消解时，需先将试样调至中性。

6.2.1.2 硝酸-高氯酸消解：取 25mL 试样(5.1)于锥形瓶中，加数粒玻璃珠，加 2mL 硝酸(3.2)在电热板上加热浓缩至 10mL。冷后加 5mL 硝酸(3.2)，再加热浓缩至 10mL，放冷。加 3mL 高氯酸(3.3)，加热至高氯酸冒白烟，此时可在锥形瓶上加小漏斗或调节电热板温度，使消解液在锥形瓶内壁保持回流状态，直至剩下 3 ~4mL，放冷。

加水 10mL，加 1 滴酚酞指示剂(3.14)。滴加氢氧化钠溶液(3.6 或 3.7)至刚呈微红色，再滴加硫酸溶液(3.5)使微红刚好退去，充分混匀。移至具塞刻度管中(4.2)，用水稀释至标线。

注：①用硝酸-高氯酸消解需要在通风橱中进行。高氯酸和有机物的混合物经加热易发生危险，需将试样先用硝酸消解，然后再加入硝酸-高氯酸进行消解。

②绝不可把消解的试样蒸干。

③如消解后有残渣时，用滤纸过滤于具塞刻度管中，并用水充分清洗锥形瓶及滤纸，一并移到具塞刻度管中。

④水样中的有机物用过硫酸钾氧化不能完全破坏时，可用此法消解。

6.2.2 发色

分别向各份消解液中加入 1mL 抗坏血酸溶液(3.9)混匀，30s 后加 2mL 钼酸盐溶液(3.10)充分混匀。

注：①如试样中含有浊度或色度时，需配制一个空白试样(消解后用水稀释至标线)然后向试料中加入 3mL 浊度——色度补偿液(3.11)，但不加抗坏血酸溶液和钼酸盐溶液。然后从试料的吸光度中扣除空白试料的吸光度。

②砷大于 2mg/L 干扰测定，用硫代硫酸钠去除。硫化物大于 2mg/L 干扰测定，通氮气去除。铬大于 50mg/L 干扰测定，用亚硫酸钠去除。

6.2.3 分光光度测量

室温下放置 15min 后，使用光程为 30mm 比色皿，在 700nm 波长下，以水做参比，测定吸光度。扣除空白试验的吸光度后，从工作曲线(6.2.4)上查得磷的含量。

注：如显色时室温低于 13℃，可在 20 ~30℃水浴上显色 15min 即可。

6.2.4 工作曲线的绘制

取 7 支具塞刻度管(4.2)分别加入 0.0，0.50，1.00，3.00，5.00，10.0，15.0mL 磷酸盐标准溶液(3.14)。加水至 25mL。然后按测定步骤(6.2)进行处理。以水做参比，测定吸光度。扣除空白试验的吸光度后，和对应的磷的含量绘制工作曲线。

7 结果的表示

总磷含量以 C(mg/L)表示，按下式计算：

$$C=\frac{m}{V} \tag{附 5-1}$$

式中：m——试样测得含磷量，μg；

V——测定用试样体积,mL。

8 精密度与准确度

8.1 十三个实验室测定(采用6.2.1.1 消解)含磷2.06mg/L 的统一样品

8.1.1 重复性

实验室内相对标准偏差为0.75%。

8.1.2 再现性

实验室间相对标准偏差为1.5%。

8.1.3 准确度

相对误差为+1.9%。

8.2 六个实验室测定(采用6.2.1.2 消解)含磷量2.06mg/L 的统一样品

8.2.1 重复性

实验室内相对标准偏差为1.4%。

8.2.2 再现性

实验室间相对标准偏差为1.4%。

8.2.3 准确度

相对误差为1.9%。

质控样品主要成分是乙氨酸(NH_2CH_2COOH)和甘油磷酸钠$\left(C_3H_7Na_2O_6P \cdot 5\frac{1}{2}H_2O\right)$。

六、五日生化需氧量BOD_5的测量——HJ 505—2009

水质 五日生化需氧量(BOD_5)的测定 稀释与接种法(HJ 505—2009)

警告:丙烯基硫脲属于有毒化合物,操作时应按规定要求佩戴防护器具,避免接触皮肤和衣服;标准溶液的配制应在通风橱内进行操作;检测后的残渣残液应做妥善的安全处理。

1 适用范围

本标准规定了测定水中五日生化需氧量(BOD_5)的稀释与接种的方法。

本标准适用于地表水、工业废水和生活污水中五日生化需氧量(BOD_5)的测定。

本方法的检出限为0.5mg/L,本方法的测定下限为2mg/L,非稀释法和非稀释接种法的测定上限为6mg/L,稀释与稀释接种法的测定上限为6000mg/L。

2 规范性引用文件

本标准内容引用了下列文件中的条款。凡是不注日期的引用文件,其有效版本适用于本标准。

GB/T 6682 分析实验室用水规格和试验方法

GB/T 7489 水质 溶解氧的测定 碘量法

GB/T 11913 水质 溶解氧的测定 电化学探头法

HJ/T 91 地表水和污水监测技术规范

3 方法原理

生化需氧量是指在规定的条件下,微生物分解水中的某些可氧化的物质,特别是分解有机物的生物化学过程消耗的溶解氧。通常情况下是指水样充满完全密闭的溶解氧瓶中,在(20±1)℃的暗处培养5d±4h或(2+5)d±4h[先在0~4℃的暗处培养2d,接着在(20±1)℃的暗处培养5d,即培养(2+5)d],分别测定培养前后水样中溶解氧的质量浓度,由培养前后溶解氧的质量浓度之差,计算每升样品消耗的溶解氧量,以BOD_5形式表示。

若样品中的有机物含量较多，BOD_5 的质量浓度大于 6mg/L，样品需适当稀释后测定：对不含或含微生物少的工业废水，如酸性废水、碱性废水、高温废水、冷冻保存的废水或经过氯化处理等的废水，在测定 BOD_5 时应进行接种，以引进能分解废水中有机物的微生物。当废水中存在难以被一般生活污水中的微生物以正常的速度降解的有机物或含有剧毒物质时，应将驯化后的微生物引入水样中进行接种。

4 试剂和材料

本标准所用试剂除非另有说明，分析时均使用符合国家标准的分析纯化学试剂。

4.1 水：实验用水为符合 GB/T 6682 规定的 3 级蒸馏水，且水中铜离子的质量浓度不大于 0.01mg/L，不含有氯或氯胺等物质。

4.2 接种液：可购买接种微生物用的接种物质，接种液的配制和使用按说明书的要求操作。也可按以下方法获得接种液。

4.2.1 未受工业废水污染的生活污水：化学需氧量不大于 300mg/L，总有机碳不大于 100mg/L。

4.2.2 含有城镇污水的河水或湖水。

4.2.3 污水处理厂的出水。

4.2.4 分析含有难降解物质的工业废水时，在其排污口下游适当处取水样作为废水的驯化接种液。也可取中和或经适当稀释后的废水进行连续曝气，每天加入少量该种废水，同时加入少量生活污水，使适应该种废水的微生物大量繁殖。当水中出现大量的絮状物时，表明微生物已繁殖，可用作接种液。一般驯化过程需 3 ~ 8d。

4.3 盐溶液。

4.3.1 磷酸盐缓冲溶液：将 8.5g 磷酸二氢钾（KH_2PO_4）、21.8g 磷酸氢二钾（K_2HPO_4）、33.4g 七水合磷酸氢二钠（$Na_2HPO_4 \cdot 7H_2O$）和 1.7g 氯化铵（NH_4Cl）溶于水中，稀释至 1000mL，此溶液在 0 ~ 4℃ 可稳定保存 6 个月。此溶液的 pH 值为 7.2。

4.3.2 硫酸镁溶液，$\rho(MgSO_4) = 11.0g/L$：将 22.5g 七水合硫酸镁（$MgSO_4 \cdot 7H_2O$）溶于水中，稀释至 1000mL，此溶液在 0 ~ 4℃ 可稳定保存 6 个月，若发现任何沉淀或微生物生长应弃去。

4.3.3 氯化钙溶液，$\rho(CaCl_2) = 27.6g/L$：将 27.6g 无水氯化钙（$CaCl_2$）溶于水中，稀释至 1000mL，此溶液在 0 ~ 4℃ 可稳定保存 6 个月，若发现任何沉淀或微生物生长应弃去。

4.3.4 氯化铁溶液，$\rho(FeCl_3) = 0.15g/L$：将 0.25g 六水合氯化铁（$FeCl_3 \cdot 6H_2O$）溶于水中，稀释至 1000mL，此溶液在 0 ~ 4℃ 可稳定保存 6 个月，若发现任何沉淀或微生物生长应弃去。

4.4 稀释水：在 5 ~ 20L 的玻璃瓶中加入一定量的水，控制水温在（20 ± 1）℃，用曝气装置（5.9）至少曝气 1h，使稀释水中的溶解氧达到 8mg/L 以上。使用前每升水中加入上述四种盐溶液（4.3）各 1.0mL，混匀，20℃ 保存。在曝气的过程中防止污染，特别是防止带入有机物、金属、氧化物或还原物。

稀释水中氧的质量浓度不能过饱和，使用前需开口放置 1h，且应在 24h 内使用。剩余的稀释水应弃去。

4.5 接种稀释水：根据接种液的来源不同，每升稀释水（4.4）中加入适量接种液（4.2）：城市生活污水和污水处理厂出水加 1 ~ 10mL，河水或湖水加 10 ~ 100mL，将接种稀释水存放在（20 ± 1）℃ 的环境中，当天配制当天使用。接种的稀释水 pH 值为 7.2，BOD_5 应小于 1.5mg/L。

4.6 盐酸溶液，$c(HCl) = 0.5mol/L$：将 40mL 浓盐酸（HCl）溶于水中，稀释至 1000mL。

4.7 氢氧化钠溶液，$c(NaOH) = 0.5mol/L$：将 20g 氢氧化钠溶于水中，稀释至 1000mL。

4.8 亚硫酸钠溶液，$c(Na_2SO_3) = 0.025mol/L$：将 1.575g 亚硫酸钠（Na_2SO_3）溶于水中，稀释至 1000mL。此溶液不稳定，需现用现配。

4.9 葡萄糖-谷氨酸标准溶液：将葡萄糖（$C_6H_{12}O_6$，优级纯）和谷氨酸（$HOOC\text{-}CH_2\text{-}CH_2\text{-}CHNH_2\text{-}COOH$，优级纯）在 130℃ 干燥 1h，各称取 150mg 溶于水中，在 1000mL 容量瓶中稀释至标线。此溶液的 BOD_5 为（210 ± 20）mg/L，现用现配。该溶液也可少量冷冻保存，融化后立刻使用。

4.10 丙烯基硫脲硝化抑制剂，$\rho(C_4H_8N_2S) = 1.0g/L$：溶解 0.20g 丙烯基硫脲（$C_4H_8N_2S$）于 200mL 水中混合，4℃ 保存，此溶液可稳定保存 14d。

4.11　乙酸溶液,1+1。

4.12　碘化钾溶液,ρ(KI)=100g/L:将10g碘化钾(KI)溶于水中,稀释至100mL。

4.13　淀粉溶液,ρ=5g/L:将0.50g淀粉溶于水中,稀释至100mL。

5　仪器和设备

本标准除非另有说明,分析时均使用符合国家A级标准的玻璃量器。本标准使用的玻璃仪器须清洁、无毒性和可生化降解的物质。

5.1　滤膜:孔径为1.6μm。

5.2　溶解氧瓶:带水封装置,容积250~300mL。

5.3　稀释容器:1000~2000mL的量筒或容量瓶。

5.4　虹吸管:供分取水样或添加稀释水。

5.5　溶解氧测定仪。

5.6　冷藏箱:0~4℃。

5.7　冰箱:有冷冻和冷藏功能。

5.8　带风扇的恒温培养箱:(20±1)℃。

5.9　曝气装置:多通道空气泵或其他曝气装置;曝气可能带来有机物、氧化剂和金属,导致空气污染,如有污染,空气应过滤清洗。

6　样品

6.1　采集与保存

样品采集按照HJ/T 91的相关规定执行。

采集的样品应充满并密封于棕色玻璃瓶中,样品量不小于1000mL,在0~4℃的暗处运输和保存,并于24h内尽快分析。24h内不能分析,可冷冻保存(冷冻保存时避免样品瓶破裂),冷冻样品分析前需解冻、均质化和接种。

6.2　样品的前处理

6.2.1　pH值调节

若样品或稀释后样品pH值不在6~8范围内,应用盐酸溶液(4.6)或氢氧化钠溶液(4.7)调节其pH值至6~8。

6.2.2　余氯和结合氯的去除

若样品中含有少量余氯,一般在采样后放置1~2h,游离氯即可消失。对在短时间内不能消失的余氯,可加入适量亚硫酸钠溶液去除样品中存在的余氯和结合氯,加入的亚硫酸钠溶液的量由下述方法确定。

取已中和好的水样100mL,加入乙酸溶液(4.11)10mL、碘化钾溶液(4.12)1mL,混匀,暗处静置5min。用亚硫酸钠溶液滴定析出的碘至淡黄色,加入1mL淀粉溶液(4.13)呈蓝色。再继续滴定至蓝色刚刚褪去,即为终点,记录所用亚硫酸钠溶液体积,由亚硫酸钠溶液消耗的体积,计算出水样中应加亚硫酸钠溶液的体积。

6.2.3　样品均质化

含有大量颗粒物、需要较大稀释倍数的样品或经冷冻保存的样品,测定前均需将样品搅拌均匀。

6.2.4　样品中有藻类

若样品中有大量藻类存在,BOD_5的测定结果会偏高。当分析结果精度要求较高时,测定前应用滤孔为1.6μm的滤膜(5.1)过滤,检测报告中注明滤膜滤孔的大小。

6.2.5　含盐量低的样品

若样品含盐量低,非稀释样品的电导率小于125μS/cm时,需加入适量相同体积的四种盐溶液(4.3),使样品的电导率大于125μS/cm。每升样品中至少需加入各种盐的体积V按式(附6-1)计算:

$$V = (\Delta K - 12.8)/113.6 \quad (附6\text{-}1)$$

式中:V——需加入各种盐的体积,mL;

ΔK——样品需要提高的电导率值，μS/cm。

7　分析步骤

7.1　非稀释法

非稀释法分为两种情况：非稀释法和非稀释接种法。

如样品中的有机物含量较少，BOD_5 的质量浓度不大于 6mg/L，且样品中有足够的微生物，用非稀释法测定。若样品中的有机物含量较少，BOD_5 的质量浓度不大于 6mg/L，但样品中无足够的微生物，如酸性废水、碱性废水、高温废水、冷冻保存的废水或经过氯化处理等的废水，采用非稀释接种法测定。

7.1.1　试样的准备

7.1.1.1　待测试样

测定前待测试样的温度达到(20 ±2)℃，若样品中溶解氧浓度低，需要用曝气装置(5.9)曝气 15min，充分振摇赶走样品中残留的空气泡；若样品中氧过饱和，将容器 2/3 体积充满样品，用力振荡赶出过饱和氧，然后根据试样中微生物含量情况确定测定方法。非稀释法可直接取样测定；非稀释接种法，每升试样中加入适量的接种液(4.2)，待测定。若试样中含有硝化细菌，有可能发生硝化反应，需在每升试样中加入 2mL 丙烯基硫脲硝化抑制剂(4.10)。

7.1.1.2　空白试样

非稀释接种法，每升稀释水中加入与试样中相同量的接种液(4.2)作为空白试样，需要时每升试样中加入 2mL 丙烯基硫脲硝化抑制剂(4.10)。

7.1.2　试样的测定

7.1.2.1　碘量法测定试样中的溶解氧

将试样(7.1.1.1)充满两个溶解氧瓶(5.2)中，使试样少量溢出，防止试样中的溶解氧质量浓度改变，使瓶中存在的气泡靠瓶壁排出。将一瓶盖上瓶盖，加上水封，在瓶盖外罩上一个密封罩，防止培养期间水封水蒸发干，在恒温培养箱(5.8)中培养 5d ±4h 或(2 +5)d ±4h 后测定试样中溶解氧的质量浓度。另一瓶 15min 后测定试样在培养前溶解氧的质量浓度。

溶解氧的测定按 GB/T 7489 进行操作。

7.1.2.2　电化学探头法测定试样中的溶解氧

将试样(7.1.1.1)充满一个溶解氧瓶(5.2)中，使试样少量溢出，防止试样中的溶解氧质量浓度改变，使瓶中存在的气泡靠瓶壁排出。测定培养前试样中的溶解氧的质量浓度。

盖上瓶盖，防止样品中残留气泡，加上水封，在瓶盖外罩上一个密封罩，防止培养期间水封水蒸发干。将试样瓶放入恒温培养箱(5.8)中培养 5d ±4h 或(2 +5)d ±4h。测定培养后试样中溶解氧的质量浓度。

溶解氧的测定按 GB/T 11913 进行操作。

空白试样的测定方法同 7.1.2.1 或 7.1.2.2。

7.2　稀释与接种法

稀释与接种法分为两种情况：稀释法和稀释接种法。

若试样中的有机物含量较多，BOD_5 的质量浓度大于 6mg/L，且样品中有足够的微生物，采用稀释法测定；若试样中的有机物含量较多，BOD_5 的质量浓度大于 6mg/L，但试样中无足够的微生物，采用稀释接种法测定。

7.2.1　试样的准备

7.2.1.1　待测试样

待测试样的温度达到(20 ±2)℃，若试样中溶解氧浓度低，需要用曝气装置(5.9)曝气 15min，充分振摇赶走样品中残留的气泡；若样品中氧过饱和，将容器的 2/3 体积充满样品，用力振荡赶出过饱和氧，然后根据试样中微生物含量情况确定测定方法。稀释法测定，稀释倍数按附表 6-1 和附表 6-2 方法确定，然后用稀释水(4.4)稀释。稀释接种法测定，用接种稀释水(4.5)稀释样品。若样品中含有硝化细菌，有可能发生硝化反应，需在每升试样培养液中加入 2mL 丙烯基硫脲硝化抑制剂(4.10)。

稀释倍数的确定：样品稀释的程度应使消耗的溶解氧质量浓度不小于 2mg/L，培养后样品中剩余溶解氧质量浓度不小于2mg/L,且试样中剩余的溶解氧的质量浓度为开始浓度的1/3～2/3为最佳。

稀释倍数可根据样品的总有机碳(TOC)、高锰酸盐指数(I_{Mn})或化学需氧量(COD_{Cr})的测定值,按照附表6-2列出的BOD_5与总有机碳(TOC)、高锰酸盐指数(I_{Mn})或化学需氧量(COD_{Cr})的比值R估计BOD_5的期望值(R与样品的类型有关),再根据附表6-2确定稀释因子。当不能准确地选择稀释倍数时,一个样品做2～3个不同的稀释倍数。

典型的比值 R　　附表6-1

水样的类型	总有机碳 R (BOD_5/TOC)	高锰酸盐指数 R (BOD_5/I_{Mn})	化学需氧量 R (BOD_5/COD_{Cr})
未处理的废水	1.2～2.8	1.2～1.5	0.35～0.65
生化处理的废水	0.3～1.0	0.5～1.2	0.20～0.35

BOD_5 测定的稀释倍数　　附表6-2

BOD_5 的期望值/(mg/L)	稀释倍数	水样类型
6～12	2	河水,生物净化的城市污水
10～30	5	河水,生物净化的城市污水
20～60	10	生物净化的城市污水
40～120	20	澄清的城市污水或轻度污染的工业废水
100～300	50	轻度污染的工业废水或原城市污水
200～600	100	轻度污染的工业废水或原城市污水
400～1 200	200	重度污染的工业废水或原城市污水
1 000～3 000	500	重度污染的工业废水
2 000～6 000	1 000	重度污染的工业废水

由附表6-1中选择适当的R值,按式(附6-2)计算BOD_5的期望值:

$$\rho = R \cdot Y \qquad (附6\text{-}2)$$

式中:ρ——五日生化需氧量浓度的期望值,mg/L;

Y——总有机碳(TOC)、高锰酸盐指数(I_{Mn})或化学需氧量(COD_{Cr})的值,mg/L。

由估算出的BOD_5的期望值,按附表6-2确定样品的稀释倍数。

按照确定的稀释倍数,将一定体积的试样或处理后的试样用虹吸管(5.4)加入已加部分稀释水或接种稀释水的稀释容器中(5.3),加稀释水或接种稀释水至刻度,轻轻混合避免残留气泡,待测定。若稀释倍数超过100倍,可进行两步或多步稀释。

若试样中有微生物毒性物质,应配制几个不同稀释倍数的试样,选择与稀释倍数无关的结果,并取其平均值。试样测定结果与稀释倍数的关系确定如下:

当分析结果精度要求较高或存在微生物毒性物质时,一个试样要做两个以上不同的稀释倍数,每个试样每个稀释倍数做平行双样同时进行培养。测定培养过程中每瓶试样氧的消耗量,并画出氧消耗量对每一稀释倍数试样中原样品的体积曲线。

若此曲线呈线性,则此试样中不含有任何抑制微生物的物质,即样品的测定结果与稀释倍数无关;若曲线仅在低浓度范围内呈线性,取线性范围内稀释比的试样测定结果计算平均BOD_5值。

7.2.1.2　空白试样

稀释法测定,空白试样为稀释水(4.4),需要时每升稀释水中加入2mL丙烯基硫脲硝化抑制剂(4.10)。

稀释接种法测定,空白试样为接种稀释水(4.5),必要时每升接种稀释水中加入2mL丙烯基硫脲硝化抑制剂(4.10)。

7.2.2　试样的测定

试样和空白试样的测定方法同7.1.2.1或7.1.2.2。

8　结果计算

8.1　非稀释法

非稀释法按式(附 6-3)计算样品 BOD_5 的测定结果:

$$\rho = \rho_1 - \rho_2 \tag{附 6-3}$$

式中:ρ——五日生化需氧量质量浓度,mg/L;

ρ_1——水样在培养前的溶解氧质量浓度,mg/L;

ρ_2——水样在培养后的溶解氧质量浓度,mg/L。

8.2　非稀释接种法

非稀释接种法按式(附 6-4)计算样品 BOD_5 的测定结果:

$$\rho = (\rho_1 - \rho_2) - (\rho_3 - \rho_4) \tag{附 6-4}$$

式中:ρ——五日生化需氧量质量浓度,mg/L;

ρ_1——接种水样在培养前的溶解氧质量浓度,mg/L;

ρ_2——接种水样在培养后的溶解氧质量浓度,mg/L;

ρ_3——空白样在培养前的溶解氧质量浓度,mg/L;

ρ_4——空白样在培养后的溶解氧质量浓度,mg/L。

8.3　稀释与接种法

稀释法与稀释接种法按式(附 6-5)计算样品 BOD_5 的测定结果:

$$\rho = \frac{(\rho_1 - \rho_2) - (\rho_3 - \rho_4)f_1}{f_2} \tag{附 6-5}$$

式中:ρ——五日生化需氧量质量浓度,mg/L;

ρ_1——接种稀释水样在培养前的溶解氧质量浓度,mg/L;

ρ_2——接种稀释水样在培养后的溶解氧质量浓度,mg/L;

ρ_3——空白样在培养前的溶解氧质量浓度,mg/L;

ρ_4——空白样在培养后的溶解氧质量浓度,mg/L;

f_1——接种稀释水或稀释水在培养液中所占的比例;

f_2——原样品在培养液中所占的比例。

BOD_5 测定结果以氧的质量浓度(mg/L)报出。对稀释与接种法,如果有几个稀释倍数的结果满足要求,结果取这些稀释倍数结果的平均值。结果小于 100mg/L,保留一位小数;100～1000mg/L,取整数位;大于 1000mg/L 以科学计数法报出。结果报告中应注明:样品是否经过过滤、冷冻或均质化处理。

9　质量保证和质量控制

9.1　空白试样

每一批样品做两个分析空白试样,稀释法空白试样的测定结果不能超过 0.5mg/L,非稀释接种法和稀释接种法空白试样的测定结果不能超过 1.5mg/L,否则应检查可能的污染来源。

9.2　接种液、稀释水质量的检查

每一批样品要求做一个标准样品,样品的配制方法如下:取 20mL 葡萄糖-谷氨酸标准溶液(4.9)于稀释容器中,用接种稀释水(4.5)稀释至 1000mL,测定 BOD_5,结果应在 180～230mg/L 范围内,否则应检查接种液、稀释水的质量。

9.3　平行样品

每一批样品至少做一组平行样,计算相对百分偏差 RP。当 BOD_5 小于 3mg/L 时,RP 值应 $\leq \pm 15\%$;当 BOD_5 为 3～100mg/L 时,RP 值应 $\leq \pm 20\%$;当 BOD_5 大于 100mg/L 时,RP 值应 $\leq \pm 25\%$。计算公式如式(附 6-6):

$$RP = \frac{\rho_1 - \rho_2}{\rho_1 + \rho_2} \times 100\% \tag{附 6-6}$$

式中:RP——相对百分偏差,%;

ρ_1——第一个样品 BOD_5 的质量浓度，mg/L；

ρ_2——第二个样品 BOD_5 的质量浓度，mg/L。

10　精密度和准确度

非稀释法实验室间的重现性标准偏差为 0.10～0.22mg/L，再现性标准偏差为 0.26～0.85mg/L。稀释法和稀释接种法的对比测定结果重现性标准偏差为 11mg/L，再现性标准偏差为 3.7～22mg/L。

七、化学需氧量测量方法——HJ/T 399—2007

水质　化学需氧量的测定　快速消解分光光度法（HJ/T 399—2007）

警告：硫酸汞属于剧毒化学品，硫酸也具有较强的化学腐蚀性，操作时应按规定要求佩戴防护器具，避免接触皮肤和衣服，若含硫酸溶液溅出，应立即用大量清水清洗；在通风柜内进行操作；检测后的残渣残液应做妥善的安全处理。

1　适用范围

本标准规定了水质化学需氧量快速消解分光光度测定方法。

本标准适用于地表水、地下水、生活污水和工业废水中化学需氧量（COD）的测定。

本标准对未经稀释的水样，其 COD 测定下限为 15mg/L，测定上限为 1000mg/L，其氯离子质量浓度不应大于 1000mg/L。

本标准对于化学需氧量（COD）大于 1000mg/L 或氯离子含量大于 1000mg/L 的水样，可经适当稀释后进行测定。

2　规范性引用文件

本标准内容引用了下列文件中的条款，凡是不注日期的引用文件，其最新有效版本适用于本标准。

GB/T 6682　分析实验室用水的规格和试验方法

GB/T 11896　水质　氯化物的测定　硝酸银滴定法

JJG 975　化学需氧量（COD）测定仪

3　术语和定义

下列术语和定义适用于本标准。

化学需氧量（Chemical Oxygen Demand，COD）

在一定条件下，经重铬酸钾氧化处理，水样中的溶解性物质和悬浮物所消耗的重铬酸钾的量相对应的氧的质量浓度，1mol 重铬酸钾（1/6 $K_2Cr_2O_7$）相当于 1mol 氧（1/2 O）。

4　原理

试样中加入已知量的重铬酸钾溶液，在强硫酸介质中，以硫酸银作为催化剂，经高温消解后，用分光光度法测定 COD 值。

当试样中 COD 值为 100～1000mg/L，在 600nm ± 20nm 波长处测定重铬酸钾被还原产生的三价铬（Cr^{3+}）的吸光度，试样中 COD 值与三价铬（Cr^{3+}）的吸光度的增加值成正比例关系，将三价铬（Cr^{3+}）的吸光度换算成试样的 COD 值。

当试样中 COD 值为 15～250mg/L，在 440nm ± 20nm 波长处测定重铬酸钾未被还原的六价铬（Cr^{6+}）和被还原产生的三价铬（Cr^{3+}）的两种铬离子的总吸光度；试样中 COD 值与六价铬（Cr^{6+}）的吸光度减少值成正比例，与三价铬（Cr^{3+}）的吸光度增加值成正比例，与总吸光度减少值成正比例，将总吸光度值换算成试样的 COD 值。

5　试剂和材料

本标准所用试剂除另有注明外，均应为符合国家标准的分析纯化学试剂，实验用水为新制备的去离子水或蒸馏水。

5.1 水

应符合 GB/T 6682 一级水的相关要求。

5.2 硫酸：$\rho(H_2SO_4)=1.84g/mL$

5.3 硫酸溶液：(1＋9)

将 100mL 硫酸(5.2)沿烧杯壁慢慢加入到 900mL 水中，搅拌混匀，冷却备用。

5.4 硫酸银-硫酸溶液：$\rho(Ag_2SO_4)=10g/L$

将 5.0g 硫酸银加入到 500mL 硫酸(5.2)中，静置 1～2d，搅拌，使其溶解。

5.5 硫酸汞溶液：$\rho(HgSO_4)=0.24g/mL$

将 48.0g 硫酸汞分次加入 200mL 硫酸溶液(5.3)中，搅拌溶解，此溶液可稳定保存 6 个月。

5.6 重铬酸钾($K_2Cr_2O_7$)：优级纯

5.7 重铬酸钾标准溶液

5.7.1 重铬酸标准钾溶液：$c(1/6\ K_2Cr_2O_7)=0.500mol/L$。

将重铬酸钾(5.6)在 120℃ ±2℃ 下干燥至恒重后，称取 24.5154g 重铬酸钾(5.6)置于烧杯中，加入 600mL 水，搅拌下慢慢加入 100mL 硫酸(5.2)，溶解冷却后，转移此溶液于 1000mL 容量瓶中，用水稀释至标线，摇匀。溶液可稳定保存 6 个月。

5.7.2 重铬酸钾标准溶液：$c(1/6\ K_2Cr_2O_7)=0.160mol/L$。

将重铬酸钾(5.6)在 120℃ ±2℃ 下干燥至恒重后，称取 7.8449g 重铬酸钾(5.6)置于烧杯中，加入 600mL 水，搅拌下慢慢加入 100mL 硫酸(5.2)，溶解冷却后，转移此溶液于 1000mL 容量瓶中，用水稀释至标线，摇匀。溶液可稳定保存 6 个月。

5.7.3 重铬酸钾标准溶液：$c(1/6\ K_2Cr_2O_7)=0.120mol/l$。

将重铬酸钾(5.6)在 120℃ ±2℃ 下干燥至恒重后，称取 5.8837g 重铬酸钾(5.6)置于烧杯中，加入 600mL 水，搅拌下慢慢加入 100mL 硫酸(5.2)，溶解冷却后，转移此溶液于 1000mL 容量瓶中，用水稀释至标线，摇匀。溶液可稳定保存 6 个月。

5.8 预装混合试剂

5.8.1 在一支消解管(7.1)中，按附表 7-1 的要求加入重铬酸钾溶液、硫酸汞溶液和硫酸银-硫酸溶液，拧紧盖子，轻轻摇匀，冷却至室温，避光保存。在使用前应将混合试剂摇匀。

5.8.2 配制不含汞的预装混合试剂，用硫酸溶液(5.3)代替硫酸汞溶液(5.5)，按照(5.8.1)方法进行。

5.8.3 预装混合试剂在常温避光条件下，可稳定保存 1 年。

预装混合试剂及方法(试剂)标识 附表 7-1

<table>
<tr><th>测定方法</th><th>测定范围
(mg/L)</th><th>重铬酸钾溶液用量
(mL)</th><th>硫酸汞溶液用量
(mL)</th><th>硫酸银-硫酸溶液用量
(mL)</th><th>消解管规格
(mm)</th></tr>
<tr><td rowspan="4">比色池(皿)
分光光度法[1]</td><td rowspan="2">高量程
100～1000</td><td rowspan="2">1.00
(5.7.1)</td><td rowspan="2">0.50</td><td rowspan="2">6 .00</td><td>φ20×120</td></tr>
<tr><td>φ16×150</td></tr>
<tr><td rowspan="2">低量程
15～250
或 15～150</td><td rowspan="2">1.00
(5.7.2)
或(5.7.3)</td><td rowspan="2">0.50</td><td rowspan="2">6.00</td><td>φ20×120</td></tr>
<tr><td>φ16×150</td></tr>
<tr><td rowspan="4">比色管分光
光度法[2]</td><td rowspan="2">高量程
100～1000</td><td rowspan="2" colspan="2">1.00
重铬酸钾溶液(5.7.1)＋
硫酸汞溶液(5.5)[2＋1]</td><td rowspan="2">4.00</td><td>φ16×120[3]</td></tr>
<tr><td>φ16×100</td></tr>
<tr><td rowspan="2">低量程
15～150</td><td rowspan="2" colspan="2">1.00
重铬酸钾溶液(5.7.3)＋
硫酸汞溶液(5.5)[2＋1]</td><td rowspan="2">4.00</td><td>φ16×120[3]</td></tr>
<tr><td>φ16×100</td></tr>
</table>

续上表

(1)比色池(皿)分光光度法的消解管可选用 ϕ20mm×120mm 或 ϕ16mm×150mm 规格的密封管,宜选 ϕ20mm×120mm 规格的密封管;而在非密封条件下消解时应使用 ϕ20mm×150mm 的消解管。 (2)比色管分光光度法的消解管可选用 ϕ16mm×120mm 或 ϕ16mm×100mm 规格的密封消解比色管,宜选 ϕ16mm×120mm 规格的密封消解比色管;而非密封条件下消解时,应使用 ϕ16mm×150mm 的消解比色管。 (3)ϕ16mm×120mm 密封消解比色管冷却效果较好。

5.9　邻苯二甲酸氢钾[C_6H_4(COOH)(COOK)]:基准级或优级纯

1mol 邻苯二甲酸氢钾[C_6H_4(COOH)(COOK)]可以被 30mol 重铬酸钾($1/6K_2Cr_2O_7$)完全氧化,其化学需氧量相当 30mol 的氧(1/2O)。

5.10　邻苯二甲酸氢钾 COD 标准贮备液

5.10.1　COD 标准贮备液:COD 值 5000mg/L。

将邻苯二甲酸氢钾(5.10)在 105~110℃下干燥至恒重后,称取 2.1274g 邻苯二甲酸氢钾(5.10)溶于 250mL 水(5.1)中,转移此溶液于 500mL 容量瓶中,用水(5.1)稀释至标线,摇匀。此溶液在 2~8℃下贮存,或在定容前加入约 10mL 硫酸溶液(5.3),常温贮存,可稳定保存一个月。

5.10.2　COD 标准贮备液:COD 值 1250mg/L。

量取 50.00mL COD 标准贮备液(5.10.1)置于 200mL 容量瓶中,用水(5.1)稀释至标线,摇匀。此溶液在 2~8℃下贮存,可稳定保存一个月。

5.10.3　COD 标准贮备液:COD 值 625mg/L。

量取 25.00mL COD 标准贮备液(5.10.1)置于 200mL 容量瓶中,用水(5.1)稀释至标线,摇匀。此溶液在 2~8℃下贮存,可稳定保存一个月。

5.11　邻苯二甲酸氢钾 COD 标准系列使用液

5.11.1　高量程(测定上限 1000mg/L)COD 标准系列使用液:COD 值分别为 100mg/L、200mg/L、400mg/L、600mg/L、800mg/L 和 1000mg/L。

分别量取 5.00mL、10.00mL、20.00mL、30.00mL、40.00mL 和 50.00mL 的 COD 标准贮备液(5.10.1),加入到相应的 250mL 容量瓶中,用水(5.1)定容至标线,摇匀。此溶液在 2~8℃下贮存,可稳定保存一个月。

5.11.2　低量程(测定上限 250mg/L)COD 标准系列使用溶液:COD 值分别为 25mg/L、50mg/L、100mg/L、150mg/L、200mg/L 和 250mg/L。

分别量取 5.00mL、10.00mL、20.00mL、30.00mL、40.00mL 和 50.00mL COD 标准储备液(5.10.2)加入到相应的 250mL 容量瓶中,用水(5.1)稀释至标线,摇匀。此溶液在 2~8℃下贮存,可稳定保存一个月。

5.11.3　低量程(测定上限 150mg/L)COD 标准系列使用溶液:COD 值分别为 25mg/L、50mg/L、75mg/L、100mg/L、125mg/L 和 150mg/L。

分别量取 10.00mL、20.00mL、30.00mL、40.00mL、50.00mL 和 60.00mL COD 标准贮备液(5.10.3)加入到相应的 250mL 容量瓶中,用水(5.1)稀释至标线,摇匀。此溶液在 2~8℃下贮存,可稳定保存一个月。

5.12　硝酸银溶液:$c(AgNO_3)=0.1mol/L$

将 17.1g 硝酸银溶于 1000mL 水。

5.13　铬酸钾溶液:$\rho(K_2CrO_4)=50g/L$

将 5.0g 铬酸钾溶解于少量水中,滴加硝酸银溶液(5.12)至有红色沉淀生成,摇匀,静置 12h,过滤并用水将滤液稀释至 100mL。

6　干扰及消除

6.1　氯离子是主要的干扰成分,水样中含有氯离子会使测定结果偏高,加入适量硫酸汞与氯离子形成可溶性氯化汞配合物,可减少氯离子的干扰,选用低量程方法测定 COD,也可减少氯离子对测定结果的影响。

6.2　在 600nm ±20nm 处测试时，Mn(Ⅲ)、Mn(Ⅵ)或 Mn(Ⅶ)形成红色物质，会引起正偏差，其 500mg/L 的锰溶液(硫酸盐形式)引起正偏差 COD 值为 1083mg/L，其 50mg/L 的锰溶液(硫酸盐形式)引起正偏差 COD 值为 121mg/L；而在 440nm ±20nm 处，则 500mg/L 的锰溶液(硫酸盐形式)的影响比较小，引起的偏差 COD 值为 -7.5mg/L，50mg/L 的锰溶液(硫酸盐形式)的影响可忽略不计。

6.3　在酸性重铬酸钾条件下，一些芳香烃类有机物、吡啶等化合物难以氧化，其氧化率较低。

6.4　试样中的有机氮通常转化成铵离子，铵离子不被重铬酸钾氧化。

7　仪器和设备

7.1　消解管

7.1.1　消解管应由耐酸玻璃制成，在 165℃温度下能承受 600kPa 的压力，管盖应耐热耐酸，使用前所有的消解管和管盖均应无任何破损或裂纹。

7.1.2　首次使用的消解管，应按以下方法进行清洗：

在消解管中加入适量的硫酸银-硫酸溶液(5.4)和重铬酸钾溶液(5.7.1)的混合液[6+1]，也可用铬酸洗液代替混合液。

拧紧管盖，在 60 ~ 80℃水浴中加热管子，手执管盖，颠倒摇动管子，反复洗涤管内壁。

室温冷却后，拧开盖子，倒出混合液，再用水冲洗净管盖和消解管内外壁。

7.1.3　当消解管作为比色管进行光度测定时，应从一批消解管中随机选取 5 ~ 10 支，加入 5mL 水(5.1)，在选定的波长处测定其吸光度值，吸光度值的差值应在 ±0.005 之内。

7.1.4　消解管作比色管应符合使用说明书的要求，消解管用于光度测定的部位不应有擦痕和粗糙；在放入光度计前应确保管子外壁非常洁净。

7.2　加热器

7.2.1　加热器应具有自动恒温加热、计时鸣叫等功能，有透明且通风的防消解液飞溅的防护盖。

7.2.2　加热器加热时不会产生局部过热现象。加热孔的直径应能使消解管与加热壁紧密接触。为保证消解反应液在消解管内有充分的加热消解和冷却回流，加热孔深度一般不低于或高于消解管内消解反应液高度 5mm。

7.2.3　加热器加热后应在 10min 内达到设定的 165℃ ±2℃温度，其他指标及检验参照 JJG 975 的有关要求。

7.3　光度计

光度测量范围不小于 0 ~ 2 吸光度范围，数字显示灵敏度为 0.001 吸光度值。

7.3.1　普通光度计

在测定波长处，可用普通长方形比色皿测定的光度计。

7.3.2　专用光度计

在测定波长处，用固定长方形比色皿(池)测定 COD 值的光度计或用消解比色管测定 COD 值的光度计。

宜选用消解比色管测定 COD 的专用分光计。

7.3.3　性能校正

在正常工作时，比色池(皿)或消解比色管装入适量水(5.1)调整吸光度值为 0.000 时，每隔 1min，读取记录一次数据，20min 内吸光度小于 0.005。光度计其他指标及检验参照 JJG 975 的有关要求。

7.4　消解管支架

不擦伤消解比色管光度测量的部位，方便消解管的放置和取出，耐 165℃热烫的支架。

7.5　离心机

可放置消解比色管进行离心分离，转速范围为 0 ~ 4000r/min。

7.6　手动移液器(枪)

最小分度体积不大于 0.01mL。

7.7 A 级吸量管、容量瓶和量筒

7.8 搅拌器(机)

8 样品

8.1 水样的采集与保存

水样采集不应少于 100mL,应保存在洁净的玻璃瓶中。采集好的水样应在 24h 内测定,否则应加入硫酸(5.2)调节水样 pH 值≤2。在 0~4℃保存,一般可保存 7d。

8.2 试样的制备

8.2.1 水样氯离子的测定

在试管中加入 2.00mL 试样,再加入 0.5mL 硝酸银溶液(5.12),充分混合,最后加入 2 滴铬酸钾溶液(5.13),摇匀,如果溶液变红,氯离子溶液低于 1000mg/L;如果仍为黄色,氯离子质量浓度高于1000mg/L。或按 GB/T 11896 方法测定水样中氯离子的质量浓度。

8.2.2 水样的稀释

应将水样在搅拌均匀时取样稀释,一般取被稀释水样不少于 10mL,稀释倍数小于 10 倍。水样应逐次稀释为试样。

初步判定水样的 COD 质量浓度,选择对应量程的预装混合试剂(5.8),加入相应体积的试样,摇匀,在 165℃ ±2℃加热 5min,检查管内溶液是否呈现绿色,如变绿应重新稀释后再进行测定。

9 测定条件的选择

9.1 分析测定的条件见附表 7-1 和附表 7-2。宜选用比色管分光光度法测定水样中的 COD。

9.2 比色池(皿)分光光度法选用 ϕ20mm ×150mm 规格的消解管时,消解可在非密封条件下进行。

9.3 比色管分光光度法选用 ϕ16mm ×150mm 规格的消解比色管时,消解可在非密封条件下进行。

分析测定条件　　附表 7-2

测定方法	测定范围(mg/L)	试样用量(mL)	比色池(皿)或比色管规格(mm)	测定波长(nm)	检出限(mg/L)
比色池(皿)分光光度法	高量程 100~1000	3.00	20(1)	600±20	22
	低量程 15~250 或 15~150	3.00	10(1)	440±20	3.0
比色管分光光度法	高量程 100~1000	2.00	ϕ16×120(2)	600±20	33
			ϕ16×100(2)		
	低量程 15~150	2.00	ϕ16×120(2)	440±20	2.3
			ϕ16×100(2)		

(1)长方形比色池(皿)。

(2)比色管为密封管,外径 ϕ16mm,壁厚 1.3mm,长 120mm 密封消解比色管消解时冷却效果较好。

10 分析步骤

10.1 校准曲线的绘制

10.1.1 打开加热器,预热到设定的 165℃ ±2℃。

10.1.2 选定预装混合试剂(5.8),摇匀试剂后再拧开消解管管盖。

10.1.3 量取相应体积的 COD 标准系列溶液(试样)沿到管内壁慢慢加入到管中。

10.1.4 拧紧消解管管盖,手执管盖颠倒摇匀消解管中溶液,用无毛纸擦净管外壁。

10.1.5 将消解管放入 165℃ ±2℃的加热器(7.2)的加热孔中,加热器温度略有降低,待温度升到设定的 165℃ ±2℃时,计时加热 15min。

10.1.6 从加热器中取出消解管,待消解管冷却至 60℃左右时,手执管盖颠倒摇动消解管几次,使管内

溶液均匀，用无毛纸擦净管外壁，静置，冷却至室温。

10.1.7 高量程方法在 600nm ±20nm 波长处，以水(5.1)为参比液，用光度计(7.3)测定吸光度值。

低量程方法在 440nm ±20nm 波长处，以水(5.1)为参比液，用光度计(7.3)测定吸光度值。

10.1.8 高量程 COD 标准系列使用溶液 COD 值对应其测定的吸光度值减去空白试验测定的吸光度值的差值，绘制校准曲线。

低量程 COD 标准系列使用溶液 COD 值对应其测定的吸光度值减去空白试验测定的吸光度值的差值，绘制校准曲线。

10.2 空白试验

用水代替试样，按照 10.1.1 至 10.1.7 的步骤测定其吸光度值，空白试验应与试样同时测定。

10.3 试样的测定

10.3.1 按照附表 7-1 和附表 7-2 的方法的要求选定对应的预装混合试剂(5.8)，将已稀释好的试样(8.2)在搅拌均匀时，取相应体积的试样(8.2)。

10.3.2 按照 10.1.1 至 10.1.8 的步骤进行测定。

10.3.3 若试样中含有氯离子时，选用含汞预装混合试剂(5.8)进行氯离子的掩蔽。

在加热消解前，应颠倒摇动消解管，使氯离子同 Ag_2SO_4 易形成 AgCl 白色乳状块消失。

10.3.4 若消解液混浊或有沉淀，影响比色测定时，应用离心机离心变清后，再用光度计测定。

若消解液颜色异常或离心后不能变澄清的样品不适用本测定方法。

10.3.5 若消解管底部有沉淀影响比色测定时，应小心将消解管中上清液转入比色池(皿)中测定。

10.3.6 测定的 COD 值由相应的校准曲线查得，或由光度计自动计算得出。

11 结果计算

在 600nm ±20nm 波长处测定时，水样 COD 的计算：

$$\rho(\mathrm{COD}) = n[k(A_s - A_b) + a] \tag{附 7-1}$$

在 440nm ±20mn 波长处测定时，水样 COD 的计算：

$$\rho(\mathrm{COD}) = n[k(A_b - A_s) + a] \tag{附 7-2}$$

式中：ρ(COD)——水样 COD 值，单位为 mg/L；

n——水样稀释倍数；

k——校准曲线灵敏度，单位为(mg/L)/1；

A_s——试样测定的吸光度值，单位为 1；

A_b——空白试验测定的吸光度值，单位为 1；

a——校准曲线截距，单位为 mg/L。

注：COD 测定值一般保留三位有效数字。

12 准确度和精密度

12.1 高量程方法测定的准确度和精密度

同一实验室平行六次测定 132mg/L COD 标准溶液相对误差为 -2.3%，511mg/L COD 标准溶液相对误差 0.8%；

六个实验室分别测定 COD 值为 100mg/L 的标准溶液实验室内相对标准偏差为 4.7%，实验室间相对标准偏差为 5.4%；

六个实验室分别测定 COD 值为 400mg/L 的标准溶液实验室内相对标准偏差为 1.5%，实验室间相对标准偏差为 1.8%；

六个实验室分别测定 COD 值为 1000mg/L 的标准溶液实验室内相对标准偏差为 0.9%，实验室间相对标准偏差为 0.9%。

12.2 低量程方法精密度和准确度

同一实验室平行六次测定 51.9mg/L COD 标准溶液相对误差为 2.9%；204mg/L COD 标准溶液相对误差 1.0%；

六个实验室分别测定 COD 值为 25.0mg/L 的标准溶液实验室内相对标准偏差为 7.4%，实验室间相对标准偏差为 8.8%；

六个实验室分别测定 COD 值为 100mg/L 的标准溶液实验室内相对标准偏差为 3.1%，实验室间相对标准偏差为 3.2%；

六个实验室分别测定 COD 值为 250mg/L 的标准溶液实验室内相对标准偏差为 1.7%，实验室间相对标准偏差为 1.7%。

八、浮物测量方法——GB 11901—1989

水质 悬浮物的测定 重量法（GB 11901—1989）

1 主题内容和适用范围

本标准规定了水中悬浮物的测定。

本标准适用于地面水、地下水，也适用于生活污水和工业废水中悬浮物测定。

2 定义

水质中的悬浮物是指水样通过孔径为 0.45μm 的滤膜，截留在滤膜上并于 103～105℃烘干至恒重的固体物质。

3 试剂

蒸馏水或同等纯度的水。

4 仪器

4.1 常用实验室仪器和以下仪器。

4.2 全玻璃微孔滤膜过滤器。

4.3 CN－CA 滤膜、孔径 0.45μm、直径 60mm。

4.4 吸滤瓶、真空泵。

4.5 无齿扁咀镊子。

5 采样及样品贮存

5.1 采样

所用聚乙烯瓶或硬质玻璃瓶要用洗涤剂洗净。再依次用自来水和蒸馏水冲洗干净。在采样之前，再用即将采集的水样清洗三次。然后，采集具有代表性的水样 500～1000mL，盖严瓶塞。

注：漂浮或浸没的不均匀固体物质不属于悬浮物质，应从水样中除去。

5.2 样品贮存

采集的水样应尽快分析测定。如需放置，应贮存在 4℃冷藏箱中，但最长不得超过七天。

注：不能加入任何保护剂，以防破坏物质在固、液间的分配平衡。

6 步骤

6.1 滤膜准备

用扁咀无齿镊子夹取微孔滤膜放于事先恒重的称量瓶里，移入烘箱中于 103～105℃烘干半小时后取出置干燥器内冷却至室温，称其重量。反复烘干、冷却、称量，直至两次称量的重量差≤0.2mg。将恒重的微孔滤膜正确的放在滤膜过滤器（4.1）的滤膜托盘上，加盖配套的漏斗，并用夹子固定好。以蒸馏水湿润滤膜，并不断吸滤。

6.2 测定

量取充分混合均匀的试样 100mL 抽吸过滤。使水分全部通过滤膜。再以每次 10mL 蒸馏水连续洗涤三次，继续吸滤以除去痕量水分。停止吸滤后，仔细取出载有悬浮物的滤膜放在原恒重的称量瓶里，移入烘箱中于 103～105℃下烘干一小时后移入干燥器中，使冷却到室温，称其重量。反复烘干、冷却、称量，直至两次称量的重量差≤0.4mg 为止。

注：滤膜上截留过多的悬浮物可能夹带过多的水分，除延长干燥时间外，还可能造成过滤困难，遇此情况，可酌情少取试样。滤膜上悬浮物过少，则会增大称量误差，影响测定精度，必要时，可增大试样体积。一般以 5～100mg 悬浮物量作为量取试样体积的实用范围。

7　结果的表示

悬浮物含量 C(mg/L)按下式计算：

$$C = \frac{(A - B) \times 10^6}{V} \tag{附 8-1}$$

式中：C——水中悬浮物浓度，mg/L；

A——悬浮物＋滤膜＋称量瓶重量，g；

B——滤膜＋称量瓶重量，g；

V——试样体积，mL。